Laura Zodrow / Colin Goldner

Zirkus und Zoo

Laura Zodrow / Colin Goldner

Zirkus und Zoo

Tiere in der Unterhaltungsindustrie

Alibri Verlag
Aschaffenburg

2017

Alibri Verlag
www.alibri.de
Aschaffenburg
Mitglied in der Assoziation Linker Verlage (aLiVe)

Erste Auflage 2017

Umschlaggestaltung: Claus Sterneck
unter Verwendung von Abbildungen von © Albund | Dreamstime.com, © F16-ISO100 / Fotolia und © styleuneed / Fotolia
Druck und Verarbeitung: Dardedze Holografija, Riga

ISBN 978-3-86569-276-4

Inhaltsverzeichnis

Vorwort

Wie seit je werden Tiere auch heute noch zur Belustigung des Menschen ausgebeutet. Sie müssen zu Sport- und Freizeitvergnügen jedweder Sorte herhalten, zu Pferderennen, Hobbyjagd, Sportangeln, Stierkampf, Rodeo und vielerlei sonstigem Missbrauch im Namen von Kultur, Tradition und Entertainment.

Zum weitestverbreiteten und kulturell tiefstverwurzelten Missbrauch von Tieren zählt ihre Zurschaustellung in Zoos und Zirkussen. Schon kleine Kinder lernen hier, dass es völlig normal und richtig ist, Tiere zu Unterhaltungszwecken zu nutzen. Zoos und Zirkusse sind insofern primäre Konditionierungseinrichtungen, die den Boden bereiten für jede andere Form der Unterdrückung und Ausbeutung von Tieren.

Das Buch der Tierrechtsautoren Laura Zodrow und Colin Goldner zeigt aus verschiedenen Blickwinkeln, wie fragwürdig die Argumente sind, mit denen Zirkus- und Zoobetreiber bis heute die Existenz ihrer Einrichtungen rechtfertigen. Auch wenn in der Haltung der Tiere in den letzten Jahren durchaus Verbesserungen vorgenommen wurden – erkämpft in aller Regel gegen den Widerstand der Zoos und Zirkusse selbst –, hat sich am Prinzip des Missbrauchs der Tiere für das Vergnügen des Menschen nichts geändert.

Das vorliegende Buch plädiert für tierleidfreie Unterhaltung und Freizeitgestaltung. Im ersten Teil fordert es ein konsequentes Verbot der Zurschaustellung dressierter Tiere im Zirkus; und im zweiten Teil die sukzessive Auflösung von Zoos beziehungsweise ihre Umwandlung in Naturparks ohne Zurschaustellung eingesperrter Tiere.

Laura Zodrow

Der Zirkus – Manege frei von Tieren

Einleitung

Als es noch kein Fernsehen, kein Internet, Kino oder Radio gab, war eine Zirkusvorstellung mit wilden Tieren aus fernen Kontinenten sicherlich ein spektakuläres Erlebnis. Seither hat sich unsere Lebenswelt rasant geändert. Die Tierhaltung im Zirkus hingegen grundsätzlich nicht. Noch immer werden wilde Tiere auf engstem Raum eingesperrt und unablässig von einer Stadt in die andere transportiert, um dort die immer gleichen Kunststückchen vorzuführen, die man ihnen zumeist mit gewaltsamen Methoden antrainiert hat. Während Elefanten, Tiger und Schimpansen in freier Natur kurz vor der Ausrottung stehen, müssen sich ihre gefangengehaltenen Artgenossen für die menschliche Unterhaltung zum Clown machen.

Nicht nur in Deutschland sondern in allen Teilen der Welt wächst seit Jahrzehnten die Kritik an der Haltung und Dressur von Tieren, insbesondere von Wildtieren, im Zirkus. Selbst tierärztliche Vereinigungen, dem Zirkusbetrieb traditionell nicht abgeneigt, sprechen sich mittlerweile für ein Verbot der Wildtierhaltung in reisenden Unternehmen aus. Umfragen zeigen, dass sich auch die öffentliche Meinung zu kopfstehenden Elefanten, Tigern, die durch brennende Reifen springen, oder zu rollerfahrenden Schimpansen in den letzten Jahren grundlegend geändert hat: Zwei Drittel der Bundesbürger lehnen inzwischen die Wildtierhaltung im Zirkus ab.

Allein in Europa haben mittlerweile 23 Länder die Haltung von Wildtieren im Zirkus teilweise oder gänzlich verboten, weltweit sind es 37. Hinzu kommen in Deutschland zahlreiche kommunale Verbote: Immer mehr

Städte und Gemeinden vermieten ihre öffentlichen Plätze nicht mehr an Zirkusse, die Wildtiere zur Schau stellen.

Derzeit touren rund 430 Zirkusunternehmen durch Deutschland, fast alle mit Tieren, ein Drittel davon (141) noch immer mit Wildtieren. Offiziellen Angaben zufolge werden derzeit mehr als 1400 Tiere in hiesigen Zirkussen mitgeführt davon 900 Wildtiere aus aller Welt (bei den übrigen handelt es sich um „domestizierte“ Tiere wie Pferde, Esel, Hunde etc.). Wie all diese Tiere untergebracht sind, wie mit ihnen umgegangen wird und wie sie dressiert werden, darüber ist nur wenig bekannt. Die Welt hinter den bunten Zeltplanen ist seit je hermetisch in sich geschlossen. Außenstehenden wird kein Einblick gewährt, sie bekommen nur das zu sehen, was sie sehen sollen: eine bunte Illusion mit waghalsigen Artisten, lachenden Clowns und unterhaltsamen Tierdarbietungen. Demjenigen aber, der genau hinsieht, bleibt das Leid der dort gefangen gehaltenen Tiere nicht verborgen.

1. Geschichte des Zirkus

Die Ausstellung dressierter Tiere verabscheue ich. Welch ein Maß an Leiden und brutaler Behandlung müssen die armen Kreaturen erdulden, um dem gefühl- und gedankenlosen Menschen einige Augenblicke der Freude zu bereiten.

Albert Schweitzer

Der Zirkus als organisierte Form der Massenunterhaltung ist eine Erfindung der römischen Antike. Besonders Kaiser Trajan (98–117 u.Z.) und seine Nachfolger pflegten derlei öffentlich inszenierte Spektakel, in der Überzeugung, „dass das römische Volk sich nur durch zwei Dinge, Brot und Spiele *(panem et circenses),* im Bann halten" lasse, sprich: die imperialen Machtstrukturen nicht gefährde.

Römische Antike

In jeder größeren Stadt des römischen Weltreiches gab es eine Arena für Wagenrennen, überliefert ist die Existenz von mehr als fünfzig davon. Die langgestreckten Arenen (von lat.: *harena* = Sand), vergleichbar den Pferderennbahnen (Hippodrome) im antiken Griechenland, wurden als *circi* bezeichnet (von griech.: *kírkos* = Kreis). Hier fanden regelmäßig Kampfspiele (lat: *ludi circenses*) für ein Massenpublikum statt, in erster Linie Wagenrennen (mit zwei- oder vierspännigen „Streitwagen"), vereinzelt aber auch Gladiatorenkämpfe und Tierhetzen. Allein in Rom gab es fünf derartiger Wettkampfstätten, deren größte der bereits im 6. Jahrhundert v.u.Z. begründete und ab 46.v.u.Z. zu gigantischen Ausmaßen ausgebaute *Circus Maximus* war. Er hatte eine Gesamtlänge von 600 Metern sowie eine Breite von 140 Metern und war damit das größte Veranstaltungsbauwerk aller Zeiten. Sein Fassungsvermögen soll bis zu 250.000 Menschen betragen haben. Bis ins 6. Jahrhundert u.Z. hinein wurde er für Wagenrennen und sonstige Veranstaltungen genutzt. Vom *Circus Maximus* leitet sich der moderne Begriff „Zirkus" ab.

Neben Wagenrennen und Gladiatorenkämpfen waren im alten Rom vor allem Tierhetzen (lat.: *venationes*) ausgesprochen populär. Von ersten dieser Hetzen, bei denen bis herauf ins 6. Jahrhundert hunderttausende wilder Tiere zur Unterhaltung der Massen getötet wurden, wird schon 186 v.u.Z.

Hunderttausende Tiere wurden im Circus Maximus und im Kolosseum abgeschlachtet.

berichtet. Tierhetzen, für die von Anfang an möglichst exotische und fremd wirkende Tiere nach Rom gebracht wurden, fanden zunächst vereinzelt im *Circus Maximus*, statt, später dann in großem Maßstab im *Kolosseum*, einem Amphitheater ungeheuerer Ausmaße, das zwischen 72 und 80 u.Z. zu ebendiesem Zweck errichtet worden war.

Aus den entlegensten Teilen des Weltreiches wurden Tiere nach Rom geschafft. Schon bei den ersten überlieferten *venationes* wurden Löwen und Panther aufeinander gehetzt. Neben dem ursprünglichen Kampf „Tier gegen Tier" gab es auch reine Massentötungsspektakel: bei einer Feier Konsul Sullas etwa wurden hundert Löwen in die Arena geschickt, um dort von afrikanischen Bogenschützen getötet zu werden. Pompejus ließ innerhalb von fünf Tagen mehr als 700 exotische Tiere töten, Titus an einem einzigen Tag 5000. Den Gipfel erreichte Trajan, der zur Feier irgendeines militärischen Erfolges 11.000 Tiere in der Arena des Kolosseums töten ließ.

Tierhetzen fanden sowohl als Begleitprogramm von Gladiatorenkämpfen als auch als eigenständige Veranstaltungen statt; vielfach wurden sie mit Dressur- und Dompteurvorstellungen (wie im heutigen Zirkus) angereichert. Unter Kaiser Nero wurden Schaukämpfe von Gladiatoren und gepanzerten Lanzenreitern gegen Löwen und Bären eingeführt. Zunehmend beliebt wurde ab Mitte des 1. Jahrhunderts u.Z. auch eine als *damnatio ad bestias* bezeichnete Hinrichtungsart, bei der Kriegsgefangene, Staatsfeinde oder verurteilte Straftäter von Löwen zerrissen oder von Elefanten zu Tode getrampelt wurden. Die letzte bekannte Tierhatz fand 523 unter Theoderich dem Großen statt.

Neben den meist unfreiwilligen Akteuren in den großen Circi gab es schon in der Antike Schausteller und Dompteure, die alleine oder in Gruppen über Land und von Stadt zu Stadt zogen. Das Leben dieser circensischen Kleindarsteller war von Unsicherheit und Armut geprägt. Gegen etwas Essen oder ein Dach über dem Kopf führten sie ihre Tiere vor, deren Los genauso elend war wie das ihrer Halter.

Mittelalter und Neuzeit

Im Mittelalter waren es die Jahrmärkte, die dem „fahrenden Volk" ein Auskommen ermöglichten. Jahrmärkte, heute ein Synonym für Unterhaltung, dienten ursprünglich dem Handel. Für die ortsansässigen Handwerker und Bauern waren sie von großer wirtschaftlicher Bedeutung, ermöglichten sie ihnen doch erstmals, ihre Waren und Produkte nicht nur vor Ort sondern über Kaufleute auch in die Ferne feilzubieten. Das „fahrende Volk" aus Schaustellern, Gauklern und Wandermenageriebetreibern erkannte seine Chance und reiste den Märkten, die auch immer ein gesellschaftliches Ereignis waren, hinterher.

Zwischen dem 16. und 18. Jahrhundert nahm die Zahl der zur Schau gestellten exotischen Tiere und Arten stetig zu. In der zweiten Hälfte des 18. Jahrhunderts wurden in Europa bereits Nashörner, Elefanten, Robben, Pinguine, Krokodile, Tiger, Panther und verschieden Affenarten auf Jahrmärkten ausgestellt. Für das weitgehend ungebildete Publikum war der Anblick dieser Tiere, die sie allenfalls aus Legenden, Fabeln oder Seefahrerberichten kannten, eine Sensation. Für die Schausteller waren sie ein einträgliches Geschäft. Gezielt nutzten sie die Unwissenheit und Sensationslüsternheit des einfachen Volks für ihre Auftritte und setzten alles daran, dessen Phantasie anzuheizen. Wortreich wurde das Außergewöhnliche der jeweils vorgezeigten Tiere angepriesen, wie ihre unglaublichen Ausmaße, ihr unvorstellbares Aussehen und ihre überaus wilde und gefährliche Natur, wobei bei Weitem nicht alles der Wahrheit entsprach. Effekthascherei, Übertreibung und Falschdarstellung waren und sind seit je Bestandteil des Schaustellerwesens.

Exotische Wildtiere wurden oftmals länderübergreifend zur Schau gestellt. In Pferdewagen wurden sie durch die deutschen Fürstentümer, Frankreich, Italien, Österreich und die Niederlande von Jahrmarkt zu Jahrmarkt gekarrt. Manche von ihnen, wie die Elefantenkuh HANSKEN oder das Panzernashorn CLARA, gelangten so zu große Berühmtheit.

Schaustellung des Nashorns CLARA (geb. 1738 in Bengalen) während des venezianischen Karnevals im Jahre 1751.

CLARA wurde 1741 von Kapitän Douwe Mout auf dem Seeweg von Indien in die Niederlande gebracht. Im Gegensatz zu vielen anderen Wildtieren in den vorangegangenen und kommenden Jahrhunderten überlebte das Nashorn die strapaziöse Schiffsreise. Kaum angekommen, begann Mout seinen wertvollen Besitz gewinnbringend zu vermarkten. Ermutigt von den Reaktionen auf die ersten Zurschaustellungen CLARAS auf regionalen Jahrmärkten, ließ Mout einen speziellen Transportwagen bauen, um sie auch in anderen Ländern zur Schau zu stellen. Der Wagen war, bis auf kleine Fenster, die etwas Licht und Luft einließen, vollständig geschlossen, um Schaulustigen einen kostenlosen Blick auf das Nashorn zu verwehren. Eingesperrt in diesen Holzkasten wurde CLARA zwölf Jahre lang durch halb Europa gekarrt. Mit Handzetteln warb Mout für seine Gastspiele, und nicht nur das einfache Volk strömte herbei, um einen Blick auf das exotische Tier zu erhaschen. Selbst die Hocharistokratie ließ es sich nicht nehmen, die „wilde Kreatur“ zu besichtigen. Ihr Besitzer, Douwe Mout, wurde von Kaiser Franz I. sogar in den Adelsstand erhoben.

Geld brachte Mout nicht nur die Präsentation CLARAS, sondern auch der Verkauf von Kupferstichen und Medaillen mit ihrem Portrait sowie Fläschchen mit ihrem abgefüllten Urin, dem besondere Heilkraft nachgesagt wurde. Mit dem Tod CLARAS 1758 in London endete wohl auch Mouts Schaustellerkarriere, über seinen weiteren Lebensweg ist kaum etwas bekannt.

Neben der simplen Zurschaustellung exotischer Tiere, begeisterten auch kuriose Dressurnummern die Massen, wie etwa Hunde, die Rechenaufgaben lösten, Pferde die mit ihren Hufen eine Trommel schlugen oder Affen, die, als Soldaten verkleidet, irgendwelche Schlachten nachstellten. Reale Tierkämpfe, bei denen Bären, Löwen, Wildschweine, Hirsche, Luchse, Löwen, Stiere und Wölfe aufeinander gehetzt wurden, erfreuten sich solcher Beliebtheit, dass im Laufe des 18. Jahrhunderts in Wien und London eigens feststehende Kampfstätten eingerichtet wurden, sogenannte Hetztheater. Auch die Vorführung „abnormer“ oder „exotischer“ Menschen wie Klein- oder Riesenwüchsige, Missgebildete, sogenannte „Haarmenschen“ oder „Siamesische Zwillinge“ brachte den Schaustellern regen Zulauf.

Zu dieser Zeit gründete der Engländer Philip Astley (1742-1814) die Reitschule *Amphitheater Riding House* in London, die anfänglich nicht viel mehr war, als eine provisorische, dachlose Umzäunung. Um seine Reitschule zu bewerben, trat Astley, ein ehemaliger Hauptfeldwebel des 5. Dragoner Regiments, regelmäßig als Kunstreiter auf. In einem offenen Ring, Manège genannt (franz. = Reitbahn), demonstrierte er, ganz dem Geschmack der Zeit entsprechend, durch Dressurreiten und Voltigieren die Überlegenheit des Menschen über das Pferd. (Während Tieren seinerzeit prinzipiell jede Intelligenz und Vernunft abgesprochen wurde, galt mit Blick auf Pferde eine Ausnahme: ihnen wurde der „erste Rang unter den Säugethieren“ zugesprochen, sie zu beherrschen, galt als Inbegriff der Beherrschung der Natur.)

Der kreisförmige Innenraum der Reitschule, der sich als Longierzirkel eignen musste und daher im Durchmesser nicht kleiner sein durfte als knapp 13 Meter (= 14 yard, was seit Astley als „richtige“ Manegengröße gilt), ermöglichte es ihm, die Zentrifugalkraft der im Kreise laufenden Tiere für akrobatische Kunststücke auf deren Rücken, das sogenannte Voltigieren (von ital.: *volta* = Bogensprung), zu nutzen. Zudem konnten die Zuschauer das Geschehen wie in einem Amphitheater von jedem Platz und zu jeder Zeit verfolgen. Astleys Vorführungen stießen auf so große Begeisterung, dass er sie bald um Seiltänzer, Turner und „tanzende“ Hunde erweiterte.

Mit seinem Programm trat Astley auch in Frankreich vor König Ludwig XV. auf und eröffnete schließlich 1782 einen feststehenden Zirkusbau in Paris, eines von insgesamt neunzehn Zirkusgebäuden, die er im Laufe seines Lebens einrichtete. Astley gilt heute als Begründer des „modernen Zirkus“, obwohl er selbst diesen Begriff nie verwendete. Astleys ehemaliger Angestellter und späterer Konkurrent Charles Hughes, der unweit von dessen Reitschule eine eigene eröffnete, war es, der unter Rückgriff auf den *Circus Maximus* im alten Rom seine Show *The Royal Circus* nannte und damit den modernen Zirkusbegriff prägte.

Die Zirkusvorstellungen fanden seinerzeit in feststehenden oder „fliegenden“ Bauten statt. Bei den Vorführungen spielte das Kunstreiten stets eine wesentliche Rolle. Damit orientierte sich der Zirkus an dem Geschmack des Adels und des Militärs und deren Faible für Rittmeisterei. Nach und nach gewann auch die Gesamtinszenierung an Bedeutung. Dargestellt wurden mit Vorliebe bedeutende Schlachten, biblische Szenen oder mythologische Stoffe.

Zeitalter der Industrialisierung

Mit dem Beginn der Industrialisierung, die auch die Bedingungen des Handels veränderte, verloren die Jahrmärkte ab Mitte des 18. Jahrhunderts an Bedeutung. Dies begünstigte die Entstehung des reisenden Zirkusses. Mit seiner runden Manege bot er den Jongleuren, Seiltänzern und Akrobaten ideale Bedingungen. Anfang des 19. Jahrhunderts wurden die ersten Leinwandzelte entwickelt, *Chapiteau* genannt (von franz. = Kapitell), die leichter zu transportieren und auf- und abzubauen waren, als die bis dahin üblichen Bretterbuden. Die Zirkusse konnten insofern in kurzer Zeit an vielen Orten hintereinander spielen. Für die Bewohner abgelegener Gemeinden und kleiner Städte waren die Zirkusgastspiele eine willkommene Abwechslung im sonst tristen und arbeitsreichen Alltag.

Johann Geyer, 1835: Darstellung des Inneren einer reisenden Wandermenagerie

Immer mehr wurde aus dem Zirkus, der sich zuvor mit seinen Kunst- und Herrenreitervorführungen am Geschmack des Adels orientiert hatte, ein Spektakel für das einfache Volk, das begierig war nach Sensationen und allem, was „exotisch" daherkam. Insbesondere Tierschauen wurden sehr populär, einschließlich erster Tierdressuren. Ein gewisser Isaac R. van Amburgh (1808-1865) soll der erste Dompteur gewesen sein, der mit Großkatzen in der Manege auftrat. Er trug eine Toga, die an einen römischen Gladiator erinnern sollte. Die Peitsche schwingend und mit Platzpatronen um sich schießend versetzte er die Tiere in Panik, um dem Publikum ihre „Wildheit" zu demonstrieren. Dann prügelte er auf sie ein und zwang sie schließlich, als Zeichen ihrer Unterwerfung seine Stiefel zu lecken. Schon zu Lebzeiten stand van Amburgh wegen seines Umgangs mit den Tieren massiv in der Kritik. Zur Rechtfertigung seiner brutalen Trainingsmethoden verwies er gerne auf die Bibel und zitierte Genesis 1,28: „Machet Euch die Erde unterthan und herrschet".

Das Geschäft mit den Wildtieren boomte. Hatten die Tierschaubetreiber diese anfänglich noch Schiffsbesatzungen abgekauft, die die armen Geschöpfe von ihren Reisen mitbrachten, wurden ab Mitte des 19. Jahrhunderts schon eigene Fangexpeditionen ausgesandt, um möglichst viele und seltene Tiere zu beschaffen.

Gemälde aus dieser Zeit zeigen die Bedingungen, unter den die Tiere den Massen präsentiert wurden: Großkatzen und Affen eingepfercht in winzige Käfigverschläge, Elefanten an Hinter- und Vorderbeinen festgekettet, exotische Vögel in kleinen Gitterkäfigen. Daran hat sich seither nicht viel geändert.

Hagenbecks Völkerschauen

In Deutschland war es ein Fischhändler namens Gottfried Claes Carl Hagenbeck (1810–1887), der den wohl florierendsten Tierhandel gründete. Die anfängliche Zurschaustellung von sechs Seehunden in kleinen Holzbottichen – die Tiere hatten sich in den Netzen von Fischern verfangen und wurden von diesen an Land gebracht – war so einträglich, dass er eine Menagerie und einen Tierhandel gründete. Sein Sohn Carl Hagenbeck (1844–1913) führte die Geschäfte fort.

Die wachsende Beliebtheit der Tierschauen und die hohe Sterblichkeitsrate der tierlichen Darsteller führten zu einer kaum zu befriedigenden Nachfrage nach Nachschub. Allein Carl Hagenbeck importierte zwischen 1866 und 1886 mehr als 2.000 Großkatzen, 1.000 Bären, 300 Elefanten, mehr als 100.000 Vögel und zehntausende Affen. Weltweit waren Tierfänger im Auftrag europäischer Tierhändler im Einsatz und richteten auf der Jagd nach passender „Handelsware“ unfassbare Blutbäder an.

Erst nach teils monatelangen Schiffspassagen kamen die gefangengenommenen Tiere an ihrem Bestimmungsort an. Viele starben unterwegs qualvoll, an Verletzungen die man ihnen beim Fang zugefügt hatte, am Stress des Eingesperrtseins, an falscher oder mangelhafter Ernährung oder aufgrund der ungewohnten klimatischen Bedingungen.

Neben den Tierschauen organisierte Hagenbeck ab 1875 auch Völkerschauen. Zur Blütezeit des Kolonialismus traf die Ausstellung von „Wilden“ genau den Geschmack des Publikums. Mit Hilfe seiner Verbindung zu Tierfängern in aller Welt ließ Hagenbeck zahlreiche Menschen unterschiedlichster ethnischer Herkunft nach Deutschland verbringen. Viele von ihnen wurden von als „Agenten“ auftretenden Häschern Hagenbecks unter fal-

1931 fand im Berliner Zoo eine „Völkerschau" mit Menschen aus dem heutigen Tschad (Zentralafrika) statt: gezeigt wurden sogenannte „Tellerlippennegerinnen" und eigens ausgewählte Kleinwüchsige. Mit Hut und Mantel: Zoodirektor Professor Ludwig Heck.

schen oder irreführenden Versprechungen nach Europa verschifft. Je „exotischer", „primitiver" oder „wilder" sie in den Augen des Publikums waren, um so besser. So wurde nicht nur die Gaffgier befriedigt, sondern auch die eigene zivilisatorische Überlegenheit bestätigt. Die bedauernswerten menschlichen „Ausstellungsstücke" mussten sieben Tage die Woche, zehn Stunden täglich, auf einem eingezäunten Gelände Vorstellungen geben. Dabei entsprachen die Darbietungen weniger ihren tatsächlichen kulturellen Bräuchen, vielmehr dienten sie ausschließlich dazu, herrschende Klischees von der „Vorrangstellung des christianisierten weißen Mannes" zu unterfüttern. Widerstand wurde von den Wärtern mit roher Gewalt gebrochen.

Für Tierhändler Hagenbeck waren die größtenteils offen rassistischen Völkerschauen ein großer kommerzieller Erfolg. Die Ausgestellten selbst profitierten hingegen nicht davon. Viele von ihnen sahen ihre Heimaten nie wieder, sie starben in der Fremde. Ganze Gruppen wurden von Masern, Pocken oder Tuberkulose dahingerafft. Und auch im Tod wurden sie weiter wie Ware behandelt. Statt sie zu bestatten, wurden ihre Körperteile an Wissenschaftler in ganz Europa veräußert. Vorgeführt wurden die „Wilden" sowohl auf Tourneen als auch (ab 1908) in Hagenbecks Tierpark in Stellingen bei Hamburg; zudem auf Wanderausstellungen in verschiedenen anderen Zoos, zum Beispiel in Berlin, Leipzig oder Münster.

Auch einige der reisenden Zirkusunternehmen ließen sich das einträgliche Geschäft mit den Völkerschauen nicht entgehen und stellten in sogenannten *Sideshows* neben wilden Tieren auch „wilde" Menschen unterschiedlichster Herkunft aus; darunter etwa die *Menagerie Continental*, Vorläuferin des *Circus Krone*, die bereits 1870 mit einer „Negertruppe" warb. Später wurden „exotische" Menschen, namentlich sogenannte „Liliputaner", die als Pausenclowns dienten, ein wichtiger Bestandteil des *Circus Krone*-Programms.

Mit dem Ende der Kolonien sank das Interesse des Publikums an Völkerschauen. Der Versuch des Berliner Zoos, nach dem Zweiten Weltkrieg an diese Tradition anzuknüpfen, scheiterte. Eine 1956 veranstaltete „Eskimo-Schau" stieß auf wenig Begeisterung.

Fin de Siècle

Gegen Ende des 19. Jahrhunderts entwickelte sich in Deutschland der Wanderzirkus nach amerikanischem Vorbild. Statt wie bisher in festen Häusern aufzutreten, gingen immer mehr Unternehmen mit einem Zelt auf Reisen. So hatten sie die Möglichkeit, auch in kleineren Städten zu spielen, in denen sich die Errichtung eines Zirkusbaus nicht rentiert hätte. Eingesperrt in Kisten oder metallbeschlagene Wagen wurden die „Zirkustiere" durch die Lande gekarrt,viele der Zirkusse gastierten jährlich an 40 bis 60 Standorten.

Das Aufkommen des Wanderzirkusses lockte neue Wettbewerber an. Bis in die 20er Jahre des 20. Jahrhunderts hinein kam es zu einer Welle von Zirkusneugründungen, wobei das Niveau der Artisten, Dompteure und Direktoren sehr stark variierte.

Die wachsende Konkurrenz führte zu einer erbitterten Rivalität zwischen den Unternehmen, die in erster Linie auf Kosten der Tiere ausgetragen wurde. Immer mehr Tiere wurden importiert, um die immer mehr ausufernden Tierschauen zu füllen. Gleichzeitig wurden die Dressurnummern ständig bizarrer und brutaler. Elefanten wurden gezwungen, auf einem Ball zu laufen, auf einem Hochseil zu balancieren oder auf dem Kopf zu stehen. Im *Circus Busch* mussten Eisbären auf einer speziell konstruierten metallenen Rampe in ein wassergefülltes Rundbecken rutschen, und ein bei *Hagenbeck* tätiger Dompteur feierte Erfolge mit einer „Salto schlagenden Elefantenkuh". Nicht ohne Grund fand die Dressur der Tiere stets unter Ausschluss der Öffentlichkeit statt.

Vorbild waren die großen amerikanischen Zirkusunternehmen, wie *Ringling Bros. and Barnum & Bailey Circus*, der sich selbst ohne jede Bescheidenheit, als „The Greatest Show on Earth" (dt. „Die größte Schau der Welt") bezeichnete. Phineas Taylor Barnum (1810–1891), einer der Namensgeber, wurde von Weggefährten als notorischer Lügner und Betrüger beschrieben, der auf sein Pulikum als eine Horde Narren herabsah. Mitte des 19. Jahrhunderts erlangte er in New York mit einem Kuriositätenkabinett ungeahnten Reichtum. Neben ausgestopften Vögeln und Schlangen stellte er vor allem „abnorme" Menschen zur Schau: „Riesen", „Zwerge", „dicke Frauen", „Albinos" oder „Siamesische Zwilinge"; als besondere Attraktion galt ein lebender Orang Utan, dessen Gefangennahme Barnum höchstselbst finanziert hatte.

Keine Gelegenheit ungenutzt lassend, war im Gefolge der Veröffentlichungen Darwins bei ihm sogar das „Bindeglied zwischen Mensch und Affe" zu besichtigen. Tatsächlich handelte es sich um einen geistig behinderten Schwarzen, den er, wie auch andere „kuriose Menschen", aus einer örtlichen Pflegeanstalt bezogen hatte.

1885 fusionierte Barnum mit dem Schausteller James A. Bailey zu *Barnum and Bailey: The Greatest Show on Earth*. Anfang des 20. Jahrhunderts wurde das Unternehmen von den *Ringling Brothers* aufgekauft.

Weltweite Berühmtheit erlangte *Ringling Bros. and Barnum & Bailey Circus* mit der Schaustellung des Gorillas GARGANTUA. Gefangengenommen 1929 im Alter von wenigen Monaten, hatte der Gorilla die ersten Jahre seines Lebens als eine Art „Maskottchen" auf einem Handelsschiff verbracht. Im Alter von neun Jahren wurde er an das Zirkusunternehmen verkauft, bei dem er auf großangelegten Tourneen als „furchtbarste lebende Kreatur der Welt" auftreten musste. Der Zirkuspropaganda, die ihn als „bösartigsten Gorilla" anpries, „der jemals vor die Augen der zivilisierten Menschheit gebracht wurde", kam entgegen, dass ihm in seiner Kindheit ein Seemann Salzsäure ins Gesicht geschüttet hatte: er war insofern durch Narben entstellt und konnte seine Lippen nicht mehr richtig schließen, was ihn als besonders „monströs" vermarktbar machte. GARGANTUA erreichte auf den Tourneen quer durch den Kontinent ein Millionenpublikum und bescherte seinen Besitzern – mithin vor dem Hintergrund des Megablockbusters *King Kong* von 1933 – Millioneneinnahmen. Er starb 1949.

GARGANTUA, die „furchtbarste lebende Kreatur der Welt“

Weimarer Republik und NS-Zeit

Der Erste Weltkrieg (1914-1918) unterbrach das Wachstum der Zirkusbranche in Deutschland nur kurzfristig. Nach den entbehrungsreichen Kriegsjahren war der Wunsch der Bevölkerung nach sorgloser Zerstreuung groß, wovon die Unternehmen profitierten und ihren Gigantismus fortsetzten.

Rasch entstanden neue Zirkusbauten, wie die des *Circus Krone* in München oder des *Circus Sarrasani* in Dresden, die viele tausend Besucher fassten. Auch bei der Größe der Tierschauen versuchten die Unternehmen, einander zu übertrumpfen. So soll allein *Sarrasani* Ende der 1920er Jahre 250 Pferde, 100 Raubtiere und 22 Elefanten besessen haben.

Das Aufkommen anderer attraktiver Unterhaltungsangebote, insbesondere des Kinos, dämpfte den Zirkusboom, der mit der Weltwirtschaftskrise, ausgelöst durch den New Yorker Börsencrash im Oktober 1929, Anfang der 1930er ein jähes Ende fand. Die Mehrzahl der Zirkusunternehmen in Deutschland ging in Konkurs, nur die „Großen" der Branche überlebten.

Die Machtergreifung der Nationalsozialisten Anfang 1933 führte zu einer weiteren grundlegenden Veränderung der deutschen Zirkuslandschaft. Die Unternehmen waren gezwungen, ausländische Mitarbeiter zu entlassen, die Direktoren mussten dem *Varieté-, Theater-, und Zirkus-Direktoren Verband* beitreten, der der NS-Reichstheaterkammer unterstand; sie mussten ihre Eignung zur Betriebsführung sowie ihre arische Herkunft nachweisen.

Während Zirkusbetreiber jüdischer Herkunft oft nur mit Glück ihr Leben retten konnten und ihre Unternehmen für einen Spottpreis verkaufen mussten, versuchten nicht-jüdische Zirkusdirektoren, von der nationalsozialistischen Politik zu profitieren; nicht wenige , wie zum Beispiel Carl Krone, traten frühzeitig in die NSDAP ein. Sowohl im *Circus Sarrasani* in Dresden als auch im *Circus Krone* in München fanden Hitlerkundgebungen statt.

Der Krieg und die damit verbundenen Versorgungsengpässe, der Tod von Artisten und Tieren sowie die Zerstörung von Spielstätten und Zelten dezimierte die Zahl der Zirkusunternehmen. Gab es im Deutschen Reich 1943 noch 27 Unternehmen, wurden 1944 nur noch sieben gezählt. In den letzten Kriegsmonaten wurden auch diese weitestgehend vernichtet.

Nachkriegszeit

Wie schon nach dem Ersten Weltkrieg war auch nach dem Zweiten der Wunsch der Bevölkerung nach Unterhaltung und Zerstreuung groß. Bereits wenige Monate nach Kriegsende nahmen die ersten Betriebe ihre Tätigkeit wieder auf; in den darauffolgenden Jahren kamen zahlreiche Neugründungen hinzu. Doch dieser Aufschwung war nur von kurzer Dauer, andere Formen der Unterhaltung, wie das Kino, das Fernsehen oder auch neugeschaffene Vergnügungsparks führten in den sechziger Jahren zu einem Nachlassen des öffentlichen Interesses am Zirkus und damit zum sogenannten „großen Zirkussterben". Viele Unternehmen gingen pleite, andere sahen sich gezwungen, die Zahl ihrer Gastspiele drastisch zu erhöhen und nicht nur in Städten zu spielen, sondern auch durch die „Provinz" zu tingeln.

Interessant ist die Tierbestandsliste, mit der in den 1950er und 60er Jahren der schweizerische *Circus Knie* die Lande bereiste: Da gab es Gorillas, Kattas, Rhesusaffen, Rotgesichtsmakaken, Nasenbären, Stachelschweine, Kängurus, ein Breitmaulnashorn, ein Flusspferd, eine Giraffe, Zebras, Elefanten, Löwen, Tiger, Leoparden, Hyänenhunde, Emus, diverse Papageienarten sowie zahlreiche Haustierarten und -rassen zu sehen, zeitweise waren zudem Eisbären, Braunbären, Seelöwen, Pumas, ein Schneeleopard und ein Zwergflusspferd im Programm.

Immer neue und immer spektakulärere Tierdressuren wurden gezeigt. Je widernatürlicher, desto besser, Eisbären mussten durch brennende Reifen springen, Tiger auf Pferden reiten, Schimpansen auf Stelzen laufen und Elefanten Dreirad fahren. Die Zirkusse im „real existierenden" Sozialismus standen denen im Wirtschaftswunderland West in dieser Hinsicht in nichts nach.

DDR-Staatszirkus

In der DDR wurden die größten Zirkusunternehmen durch die *Staatliche Kommission für Kunstangelegenheiten* ins Volkseigentum überführt. Im Jahr 1960 beschloss das Kultusministerium den Zusammenschluss der volkseigenen Betriebe zum *VEB Zentral-Zirkus*, der später den hochtrabenden Namen „Staatszirkus der DDR" erhielt. Als Aushängeschild des Regimes wurde der Staatszirkus großzügig mit öffentlichen Mitteln gefördert.

Nicht zuletzt aufgrund des Mangels an anderen Unterhaltungsangeboten erfreute sich der Staatszirkus bei der ostdeutschen Bevölkerung großer Beliebtheit. Bekannt wurde das Unternehmen über die Grenzen der DDR hinaus für seine Tierdressuren, wie die Eisbärennummer der selbsternannten Dompteuse Ursula Böttcher, die die Tiere zwang, auf einem Ball zu balancieren oder durch einen brennenden Reifen zu springen. Internationale Berühmtheit erlangte Böttcher mit dem sogenannten „Todeskuss", bei dem sie sich von einem Eisbären ein Stück Fleisch aus dem Mund nehmen ließ. Der scheinbar vertrauensvolle Kuss war nichts als Blendwerk und Show, wie fast alles im Zirkus: einen großen Stock hielt Böttcher bei ihren Darbietungen stets in der Hand. Für Böttcher brachte die Nummer das Privileg, die DDR verlassen und im Ausland auf Tournee gehen zu dürfen. Die Eisbären selbst zeigten aufgrund der tierquälerischen Haltung zunehmend Symptome psychischer Schäden, wie das beständige Hin-und-her-Weben des Kopfes oder das endlose Auf-und-ab-Laufen an ein und derselben Stelle in ihren Käfigen.

Mit der „Wende" begann der Abstieg des „Staatszirkus der DDR". Der volkseigene Betrieb wurde der Treuhand unterstellt. Ohne die großzügige Unterstützung durch das SED-Regime stand das Unternehmen innerhalb kürzester Zeit vor dem Bankrott. Auch der Versuch, im Westen auf Tournee zu gehen, schlug fehl: das Zelt blieb leer. Steuergelder in Millionenhöhe wurden für Liquiditätshilfen und Bürgschaften ausgegeben, trotzdem scheiterten alle Privatisierungsversuche. Schließlich wurde 1992 das Liquidationsverfahren eingeleitet, das bis Ende 1999 dauerte. Zur Liquidationsmasse gehörten nach bundesdeutschem Recht auch die Tiere, von denen jedoch viele schon vorher unter der Hand verkauft worden waren.

Junge und zuchtfähige Tiere seltener Arten, wie Eisbärin TOSCA, die spätere Mutter des Berliner Kassenknüllers KNUT, wurden von westdeutschen Zoos vereinnahmt. Tiere weniger attraktiver Arten, auch ältere und männliche Tiere, an denen die Zoos kein Interesse hatten, wurden zumeist an andere Zirkusunternehmen veräußert. Die Eisbären BORIS und KENNETH, wurden von der Treuhand an einen Zirkus in Mexiko veräußert, Insiderberichten zufolge für eine DM pro Tier. Nach drei qualvollen Jahren, gefangen in winzigen kahlen Käfigen, bei unerträglicher tropischer Hitze, wurden die beiden Eisbären von den örtlichen Behörden beschlagnahmt und in einen US-Zoo verbracht.

Neben dem Staatszirkus gab es in der DDR nur sehr wenige private Zirkusunternehmen oder unabhängige Zirkusdarsteller. Zu deren prominentesten zählte eine gewisse Christiane Samel. Sie und ihr Mann, der

Bei ihren Auftritten, wie hier auf einem Kinderfest, präsentierte Ex-Zirkusdirektorin Christiane Samel ihre Schimpansenbabys.

Raubtierdompteur Erhard Samel, gehörten ursprünglich zum Ensemble des „DDR Staatszirkus". Dort präsentierte Erhard Samel Dressurnummern, bei denen die Tiere artwidrigste Kunststücke zeigen mussten. Seine stets leicht geschürzte Frau Christiane diente bei diesen Darbietungen als Assistentin.

Während eines Gastauftrittes in den USA Mitte der 1970er – die Samels hatten ein Engagement im weltberühmten *Ringling Bros. and Barnum & Bailey Circus* – erwarb Christiane Samel für 4500 US-Dollar drei junge Schimpansen. Ein behördliches Einfuhrverbot ignorierend brachte sie die Tiere per Schiff illegal in die DDR. Ihre mangelnde Kenntnis im Umgang mit Menschenaffen hielt sie nicht davon ab, die Tiere für Zirkusauftritte zu dressieren. In den 1980er Jahren zerstritt sie sich mit der Leitung des DDR-Staatzirkus, wurde gekündigt und trat fortan mit ihren Schimpansen, die sie in Kostüme steckte und alberne Kunststücke vorführen ließ, als Alleinunterhalterin auf.

Im Laufe der Jahre züchtete Samel mit den drei ursprünglich importierten Schimpansen elf Jungtiere, die sie allesamt per Hand aufzog, um sie für ihre Shows einsetzen zu können. Da Schimpansen mit Beginn der Pubertät nicht mehr für Showauftritte nutzbar sind – sie können sowohl ihren „Ersatzeltern“ als auch anderen Menschen gegenüber ausgesprochen aggressiv werden –, musste immer wieder für Nachwuchs gesorgt werden.

Wenn die Schimpansen nicht gerade auftraten, waren sie im Untergeschoss des Samelschen Einfamilienhauses in Hönow, einem Vorort von Berlin, untergebracht, in dessen Hinterhof Samel zeitweise auch einen Elefanten hielt. Erst nach zehn Jahren und immensem Druck seitens engagierter Tierschützer und letztlich auch der Behörden errichtete Samel für ihre Schimpansen in besagtem Hinterhof einen selbstkonstruierten Freiluftkäfig.

In den 1990er Jahren gründete Samel verschiedene Zirkusunternehmen, von denen aber keines längere Zeit Bestand hatte. Nach der Pleite ihres DDR-Nostalgiezirkus *Aeros* tingelte sie mit ihren Schimpansen über Straßenfeste, trat in Einkaufscentern, Kitas, Seniorenheimen und Schulen auf; auch für private Feiern konnte sie gebucht werden.

Vor dem Hintergrund wachsender Kritik an ihren nicht ungefährlichen Auftritten – einer der Schimpansen hatte einer Frau zwei Finger abgebissen – erteilten ihr die zuständigen Behörden bestimmte Auflagen, die sie geflissentlich ignorierte. Weiterhin trat sie mit ihrer Show auf Festen und Feiern auf. Eine Abgabe der Tiere an eine renommierte Auffangstation in Holland, wie dies behördlich vorgeschlagen worden war, lehnte sie kategorisch ab. Letztlich verkaufte sie einige ihrer Schimpansen an einen Freizeitpark in China, andere gab sie an einen Zoo in Italien ab. Die übrigen Tiere hält sie bis heute in ihrem Einfamilienhaus.

Neugründungen ab den 1960ern

Obwohl angesichts immer neuer Unterhaltungsangebote das Interesse an der Einrichtung „Zirkus“ seit den 1960ern beständig schwand, wurden zugleich zahlreiche neue Unternehmen gegründet. Mit über 400 reisenden Zirkussen ist Deutschland das zirkusreichste Land der EU, gefolgt von Frankreich mit 300 Zirkusunternehmen und Italien mit 150.

Bei den meisten Neugründungen handelt es sich um mehr schlecht als recht betriebene Familienzirkusse, die mit maroden Wagen und ungepflegten Tieren unterwegs sind. Vielfach werden die eigenen Kinder als Kartenverkäufer, Artisten und Aufbauhelfer eingesetzt; ausländische Hilfskräfte werden gnadenlos ausgebeutet. Hingegen haben namhafte Großunternehmen wie etwa *Circus Barelli* oder *Circus Barum* in den letzten Jahren, nicht immer ganz freiwillig, den Betrieb eingestellt. Heute existieren in Deutschland nur noch zehn größere Zirkusse.

Die kleinen Familienzirkusse können häufig nur durch den Bezug von Sozialleistungen überleben. Vielfach betteln sie mit ihren Tieren in Fußgängerzonen oder versuchen, mit inszenierten „Unglücksfällen", vom angeblichen Tierausbruch bis zum abgebrannten Wagen, Spenden zu generieren.

Mit dubiosen Werbemaschen wie großzügig verteilten Freikarten, die letztlich doch bezahlt werden müssen oder Versprechen von Showelementen, die es nicht gibt, versuchen die Unternehmen, Zuschauer anzulocken. Unterstützung erhalten sie dabei von zirkusgeneigten Lokaljournalisten, die regelmäßig aus Pressemitteilungen des jeweils gastierenden Betriebes redaktionell aufgemachte Werbeartikel basteln.

Wachsende Kritik ab Ende der 1980er

Für die traditionellen Tierschutzvereine war die Haltung und Dressur von Tieren im Zirkus lange Zeit kein Thema. Erst die Tierrechtsbewegung, die sich in Deutschland in den späten 1980ern formierte, stellte die Einrichtung „Zirkus" grundsätzlich infrage und forderte aufgrund der systemimmanenten, sprich: nicht reformierbaren Tierschutzprobleme, ein gesetzliches Verbot.

Veröffentlichungen wie William Johnsons aufrüttelnder Report *Zauber der Manege? Der grausame Alltag der Tiere in Zirkus, Tierschau und Delphinarium* von 1992 machten erstmals die ganze Bandbreite der Missstände öffentlich. Immer öfter fanden nun Demonstrationen von Tierschützern und Tierrechtlern vor und auch in Zirkuszelten statt.

Während Presse und Politik die wachsende Kritik weitgehend ignorierten, reagierten viele Zirkusunternehmen ausgesprochen rabiat; nicht selten mit offener Gewalt. Immer wieder kam (und kommt) es bei Kundgebungen gegen die Haltung von Tieren im Zirkus zu gewaltsamen und teils äußerst brutalen Übergriffen auf die Demonstranten.

Schließlich war es die zunehmende Digitalisierung, die dazu führte, dass das Leid der Tiere im Zirkus eine breitere Öffentlichkeit erreichte. Von Tierschützern heimlich in Zirkussen aufgenommene Bilder konnten über das Internet erstmals Medien schnell und unkompliziert zugänglich gemacht werden und erfuhren so eine zuvor nicht dagewesene Verbreitung.

Für Schlagzeilen sorgten anfänglich die Leidensgeschichten einzelner Tiere, wie etwa die um Elefantenkuh RANI vom ostdeutschen *Zirkus Har-*

lekin, die mit gebrochenem Bein in einem alten Schweinestall – das „Winterquartier" des Zirkus – angebunden war, während ihr Besitzer nicht bereit war, sie angemessen medizinisch behandeln zu lassen. Letztlich musste RANI eingeschläfert werden. Oder das Schicksal der Elefanten und Tiger des *Zirkus Giovanni Althoff*, die über Jahre hinweg nicht nur unter Platz- und Bewegungsmangel, sondern auch unter Mangelernährung und an unbehandelten Krankheiten litten. Während ein Tier nach dem anderen starb, entzog sich der Zirkus immer wieder einem Durchgreifen der Behörden, indem er einfach an den nächsten Gastspielort mit anderen Zuständigkeiten weiterzog. Als der Druck zu groß wurde, flüchtete *Giovanni Althoff* schließlich in einer Nacht- und Nebelaktion ins Ausland.

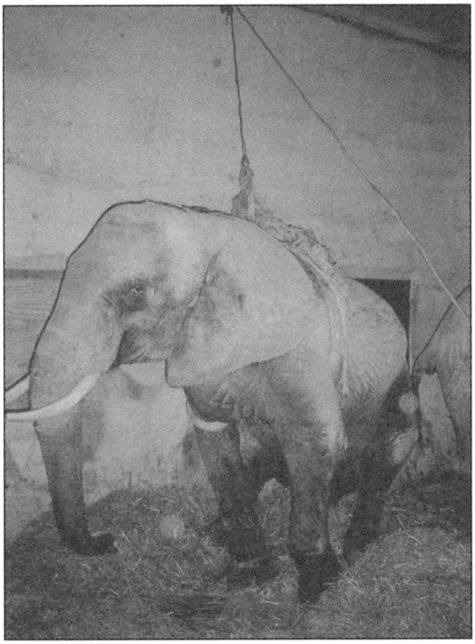

Elefantenkuh RANI angebunden an der Decke eines Schweinestalls. Aus eigener Kraft konnte sie nicht mehr stehen.

Als „Affenschande von Berlin" bezeichneten lokale Medien das Schicksal eines Orang Utan namens JESSI, der im Alter von drei Jahren auf illegalem Wege importiert und an den in Hessen ansässigen *Circus Universal Renz* verkauft worden war. Das Unternehmen rühmte sich seinerzeit, der „Circus mit den meisten exotischen Tieren" in Deutschland zu sein. Tatsächlich führte er bis zu 70 Tiere mit, Tiger, Kamele, Lamas, Elefanten und sogar ein illegal gehaltenes Nilkrokodil. Orang Utan JESSI musste mehr als zehn Jahre lang den Manegenclown bei *Universal Renz* geben. Einem tierärztlichen Protokoll zufolge wurde er wiederholt heftig geschlagen, was, zusammen mit katastrophaler Unterbringung in einem nur sechs Quadratmeter großen Verschlag, zu einer dauerhaften Deformation seiner Beine führte. JESSI wurde letztlich beschlagnahmt und, umbenannt zu KEVIN, an den Zoo Berlin überstellt, wo aber Integrationsprobleme mit den vorhandenen Orang Utans auftraten. Nach jahrelanger Isolationshaltung

„hinter den Kulissen“ wurde er letztlich in einen Affenzoo nach Holland abgeschoben. 2013 meldete *Universal Renz* Insolvenz an.

Reaktion der Politik

Wie so oft, wenn emotional besetzte Themen für Schlagzeilen sorgen, wurde letztlich auch die Politik aufmerksam. Die von Tierrechtlern und einzelnen engagierten Behördenvertretern öffentlich gemachten Missstände in der Haltung und Dressur von Wildtieren im Zirkus wurden auf verschiedenen politischen Ebenen aufgegriffen, und erste Forderungen nach einer gesetzlichen Regelung wurden laut.

Schließlich war es die hessische Landesregierung, die 2003 unter Führung von Roland Koch (CDU) einen ersten Entschließungsantrag zum grundsätzlichen Verbot der Haltung bestimmter Arten von Wildtieren in reisenden Unternehmen in den Bundesrat einbrachte. Die Bundesregierung wurde aufgefordert, ein Nachstellverbot für Elefanten, Affen und Großbären zu erlassen und die Einrichtung eines Zirkuszentralregisters und die Kennzeichnung aller in Zirkusbetrieben gehaltenen Wildtiere per Rechtsverordnung zu regeln. Obwohl der Antrag vom Bundesrat verabschiedet und der Bundesregierung mit der Bitte um Umsetzung zugeleitet wurde, wurde das Verbot von der Bundesregierung nicht umgesetzt. Auch zwei weitere Bundesratsbeschlüsse aus den Jahren 2011 und 2016, die ebenfalls ein Verbot der Haltung bestimmter Wildtiere in reisenden Zirkusbetrieben zum Ziel hatten, wurden und werden von der Bundesregierung einfach ignoriert.

In der Zwischenzeit haben 23 europäische Länder und 14 Länder außerhalb Europas die Wildtierhaltung im Zirkus teilweise oder gänzlich verboten. Bahnbrechend innerhalb der EU war Österreich, wo 2005 nach der Veröffentlichung einer erschreckenden Übersicht von Unfällen mit Tieren im Zirkus ein Verbot des Mitführens jeglicher Wildtiere in reisenden Zirkusunternehmen in Kraft trat. Trotz intensiver Bemühungen scheiterte die Zirkuslobby mit dem Versuch, das Verbot durch die EU aushebeln zu lassen. Gleich zweimal wurde es als rechtmäßig bestätigt, womit auch Rechtssicherheit für andere Mitgliedstaaten geschaffen wurde

Während die Bundesregierung tatenlos blieb, haben in Deutschland über 80 Städte und Gemeinden von der Möglichkeit Gebrauch gemacht, Auftritte von Zirkussen mit Wildtieren auf kommunalen Flächen einzuschränken oder gänzlich zu untersagen. Gastspiele auf privaten Grundstücken können von den Kommunen allerdings nicht verboten werden, weshalb die kommunalen Wildtierverbote keinem Auftrittsverbot gleichkommen. Sie sind jedoch ein deutliches Zeichen für einen gesellschaftlichen Wertewandel.

2. Rechtsgrundlagen

„Wie lernt ein Elefant, auf einem Bein zu stehen? Man muss einfach auf die anderen drei draufschlagen."

Altes Zirkussprichwort

Tierschutzrecht

Für die Haltung von Tieren im Zirkus gilt, wie für jegliche Tierhaltung, das Tierschutzgesetz, das in § 2 vorschreibt, dass jeder, der ein Tier hält, 1.) dieses Tier seiner Art und seinen Bedürfnissen entsprechend angemessen ernähren, pflegen und verhaltensgerecht unterbringen muss, 2.) die Möglichkeit des Tieres zu artgemäßer Bewegung nicht so einschränken darf, dass ihm Schmerzen oder vermeidbare Leiden oder Schäden zugefügt werden und 3.) über die für eine angemessene Ernährung, Pflege und verhaltensgerechte Unterbringung des Tieres erforderlichen Kenntnisse und Fähigkeiten verfügen muss.

Um diese Vorgaben zu konkretisieren und damit Vollzugsbehörden, Justizorganen und letztlich auch den Haltern selbst Handlungsanweisungen und Entscheidungshilfen zu geben, hat das Bundeslandwirtschaftsministerium seit Mitte der 1970er mehrfach modifizierte Gutachten und Leitlinien veröffentlicht, die Mindestanforderungen an die Haltung von Tieren vorgeben. Rechtsverbindlich sind diese Leitlinien und Gutachten allerdings nicht.

Während für die Haltung von Säugetieren wildlebender Arten in Zoos, Tierparks und Privathaushalten ein sogenanntes „Säugetiergutachten" (*Gutachten über Mindestanforderungen an die Haltung von Säugetieren*, 2014) gibt, existieren für die Zirkustierhaltung zusätzliche *Leitlinien für die Haltung, Ausbildung und Nutzung von Tieren in Zirkusbetrieben oder ähnlichen Einrichtungen* (2000). Somit hat nach deutschem Recht ein Wildtier im Zirkus andere Bedürfnisse als ein Tier der gleichen Art im Zoo. Während zum Beispiel einem Elefanten im Zoo 500 Quadratmeter Außengehege zur Verfügung stehen müssen – was an sich als völlig unzureichend zu werten ist –, dürfen im Zirkus auf der Hälfte der Fläche drei Tiere gehalten werden. In den Zirkusleitlinien selbst wird argumentiert, diese Einschränkung sei zulässig, wenn und weil eine tägliche „verhaltensgerechte

Beschäftigung“ durch die „Ausbildung, das Training oder das Vorführen der Tiere in der Manege“ gegeben sei.

Belege dafür, dass ein Elefant der zweimal täglich auf dem Kopf steht, ein geringeres Bewegungsbedürfnis hat als seine Artgenossen im Zoo, sucht man vergebens. Tatsächlich ist die Unterscheidung zwischen Wildtieren in Zoos und solchen in Zirkussen lediglich den wirtschaftlichen Interessen der Zirkusbetreiber geschuldet.

Dies wird umso deutlicher, wenn man sich ansieht, welche Experten auf Einladung des Bundeslandwirtschaftsministeriums an der Entstehung der Zirkusleitlinien mitgearbeitet haben. Neben zwei Dompteuren und zwei Sachverständigen, die sich als ausgesprochene Befürworter der Wildtierhaltung im Zirkus einen Namen gemacht haben, saß ein einziger Vertreter eines Tierschutzverbandes mit am Verhandlungstisch. Entsprechend wenig Berücksichtigung fanden die Bedürfnisse der Tiere. Stattdessen findet man Empfehlungen wie: „Die Haltung [von Elefanten] an Ketten soll während der Saison und auch im Stammquartier auf die Nacht, die Vorbereitungsphasen vor den Vorstellungen oder Proben sowie zum Durchführen von Pflegemaßnahmen beschränkt werden.“ Unter Berücksichtigung der nicht erwähnten ständigen Transporte dürfen Zirkuselefanten gemäß solch schwammiger Vorgaben die meiste Zeit ihres Lebens in Ketten gehalten werden.

Doch nicht nur die unzureichenden Vorgaben der Leitlinien sind ein Problem, sondern auch die fehlende Rechtsverbindlichkeit. Viele Zirkusbetriebe ignorieren die Minimalvorgaben und müssen dabei keine ernstzunehmenden Konsequenzen befürchten.

Bei einer Untersuchung der Haltungsbedingungen in 25 Zirkusbetrieben zeigte sich, dass etwa die Hälfte der Tiere nicht den spezifischen Haltungsanforderungen entsprechend gehalten wurde. Selbst bei offiziellen Überprüfungen durch die zuständigen Veterinärämter sieht es nicht anders aus: Im Jahr 2011 wurden bei 895 Kontrollen von Zirkusbetrieben 409 Verstöße gegen Haltungsanforderungen festgestellt.

Auch der in den Leitlinien vorgetragene Appell, in Zirkussen oder mobilen Tierschauen keine Menschenaffen, Delfine, Greifvögel, Flamingos oder Pinguine mehr zu halten oder mitzuführen, desgleichen die Ablehnung des Mitführens von Nashörnern, hat durch die fehlende Rechtsverbindlichkeit in der Praxis wenig bewegt; bis heute finden sich solche Tiere in den Manegen.

Erschwert wird der Vollzug des Tierschutzrechts im Zirkus durch die Mobilität der Unternehmen. Während die Behörden nur von Montag bis Freitag arbeiten und bei jeder Amtshandlung Formalitäten und Fristen beachten müssen, können die Zirkusunternehmen innerhalb weniger Stunden ihre Zelte abbrechen und in einen anderen Verwaltungsbezirk oder ein anderes Bundesland weiterziehen. Erteilte Auflagen, die das Leid der Tiere mindern und eine Einhaltung geltenden Tierschutzrechts sicherstellen sollen, können so oftmals nicht vollzogen werden und füllen allenfalls die Aktendeckel der Veterinärbehörden. Nicht selten treten Zirkusunternehmen auch unter verschiedenen Aliasnamen auf, was es den Behörden schwer macht, ihrer habhaft zu werden.

Unternehmen mit besonderes schlechter Tierhaltung und entsprechend krimineller Energie gastieren mitunter nur von Freitagmittag bis Sonntagabend, da sie dann gewiss sein können, behördlichen Kontrollen zu entgehen. Welche Auflagen dem jeweiligen Zirkus bei vorherigen Gastspielen gemacht wurden und in welchen Zuständigkeitsbereich er als nächstes weiterzieht, ist den Veterinärämtern häufig nicht bekannt. Das Tierbestandsbuch, das über Auflagen hinsichtlich der Tierhaltung Auskunft erteilen sollte, ist nicht selten lückenhaft oder „gerade nicht auffindbar“.

Angesichts immer neuer und zunehmend auch in den Leitmedien zu findenden Berichte über das Leid von Wildtieren in Zirkusbetrieben sowie des anhaltenden Protestes von Tierschutz- und Tierrechtsverbänden, sah sich das Bundeslandwirtschaftsministerium im Jahr 2007 schließlich genötigt, auf den Bundesratsbeschluss von 2003 zu reagieren.

Während das in diesem Beschluss geforderte Verbot der Haltung von Elefanten, Affen und Großbären im Zirkus völlig unberücksichtigt blieb, wurde eine *Verordnung über die Registrierung von Erlaubnissen zur Zurschaustellung von Tieren an wechselnden Orten* (Zirkusregisterverordnung – ZirkRegV) erlassen. Die Einrichtung dieses Zirkuszentralregisters blieb in der Verwaltungshoheit der Bundesländer, so dass es weitere zwei Jahre dauerte, bis es tatsächlich genutzt werden konnte. Entgegen der Empfehlung von Tierschützern und Experten unterließ es die Bundesregierung zudem, die Veterinärämter zur Eintragung all ihrer Informationen über einzelne Zirkusbetriebe zu *verpflichten*. Da das Register überdies ausgesprochen bedienerunfreundlich gestaltet ist, ist die Bereitschaft der Behördenvertreter zu seiner Nutzung nicht eben hoch und damit die Zahl der Nutzer gering. Ob die Einführung des Registers irgendeine Verbesserung für die im Zirkus gehaltenen Tiere gebracht hat, ist mehr als fraglich.

Im Jahr 2011 forderte der Bundesrat die Bundesregierung daher erneut auf, sich für ein Verbot der Haltung von Wildtieren im Zirkus einzusetzen. Bei der Novellierung des Tierschutzgesetzes im Jahr 2012 wurde dann tatsächlich der § 11 um eine Ermächtigungsgrundlage ergänzt. Diese ermöglicht es dem zuständigen Bundesministerium durch Rechtsverordnung das Zurschaustellen von Tieren wildlebender Arten an wechselnden Orten zu beschränken oder zu verbieten; allerdings nur, soweit die Tiere nur unter erheblichen Schmerzen, Leiden oder Schäden gehalten oder zu den wechselnden Orten befördert werden können. Ein „vertretbares Maß" an Beeinträchtigung soll den Tieren nach dem neuen Tierschutzgesetz ausdrücklich zugemutet werden können.

Damit steht diese „Novellierung" in völligem Gegensatz zum eigentlichen Gesetzeszweck. Da die Zufügung von erheblichen Schmerzen, Leiden und Schäden nach § 17 Tierschutzgesetz eine Straftat darstellt, hätte es insofern keiner zusätzlichen Regelung bedurft. Die neue Regelung ist daher nicht nur tierethisch bedenklich, vielmehr ist sie, da sie eine Verschlechterung der Rechtslage darstellt, aus Sicht von Juristen auch verfassungswidrig. Da Tiere jedoch nicht klagen können und Tierschutzverbände nur eingeschränkt klagen dürfen, bleibt im Wesentlichen alles wie gehabt.

In der ausführlichen Begründung zur Neufassung des Tierschutzgesetzes erklärte die Bundesregierung immerhin: „Es zeichnet sich jedoch bereits ab, dass für einige der genannten Tierarten ein Verbot oder eine Beschränkung des Zurschaustellens an wechselnden Orten aus Gründen des Tierschutzes erforderlich sein könnte. Fortgesetzte Verstöße gegen die Haltungsvorschriften für manche Tierarten sowie die Häufigkeit von Verhaltensauffälligkeiten und gesundheitlichen Beeinträchtigungen der betreffenden Tiere in vielen Zirkusbetrieben weisen darauf hin, dass die Bestimmungen für deren tierschutzgerechte Haltung unter den Bedingungen des Zurschaustellens an wechselnden Orten nicht realisierbar sind." Geschehen ist allerdings seither nichts.

Artenschutzrecht

Im März 1973 wurde das *Übereinkommen über den internationalen Handel mit gefährdeten Arten freilebender Tiere und Pflanzen*, (auch bekannt als *Washingtoner Artenschutzübereinkommen* oder in seiner originalen Bezeichnung als *Convention on International Trade in Endangered Species of Wild Fauna and Flora* kurz: *CITES*) verabschiedet. Seit Inkrafttreten des

Übereinkommens knapp zwei Jahre später dürfen die darin gelisteten rund 5600 Tierarten in den 183 Staaten, die ihm beigetreten sind, entweder überhaupt nicht mehr oder nur noch unter strengen Auflagen gehandelt werden.

Anlass für die Schaffung von *CITES* war die Erkenntnis, dass neben der Zerstörung von Lebensraum der Handel mit Wildtieren eine der Hauptursachen für deren Ausrottung darstellt. Um ein Jungtier für einen Zoo oder Zirkus zu fangen, erschossen die Tierhändler in aller Regel die Mutter; oft mussten dutzende Tiere einer Art sterben, bis eines davon lebend und halbwegs unversehrt gefangengenommen werden konnte. Der ehemalige Tierhändler und Tierschmuggler Jean-Yves Domalain beschreibt dies wie folgt: „Dort oben in den Ästen ist die Hölle los. Das tödlich getroffene Affenweibchen scheint sich noch ans Leben klammern zu wollen und vollführt mit letzter Kraft zwei riesige Sprünge, während das Junge sich im langhaarigen Fell der linken Flanke festzuhalten versucht. Aber der dritte Sprung misslingt; die Mutter erwischt den Ast nicht mehr, an dem sie sich festkrallen wollte. In einem letzten verzweifelten Anlauf gelingt es ihr, sich ein wenig tiefer noch einmal abzufangen, aber dann verlassen sie die Kräfte und sie kann sich nicht mehr halten; langsam lösen sich ihre Finger; dies ist das Ende; der blutige Tod besudelt ihren hellen Pelz. Noch immer klammert sich das vor Schreck gelähmte Junge an ihre Flanke, aus der das Blut rinnt. Aber nun geht es unbarmherzig abwärts. Der Sturz aus Dutzenden Metern Höhe endet in einem brutalen Aufprall auf einem Baumstamm. Der Jäger ist enttäuscht: das Affenbaby hat sich das Genick gebrochen.“

Neben den grausamen Fangmethoden mit Schusswaffen, Fallen, Netzen und Leimruten sorgten der Schock der Gefangennahme, die brutalen Transportbedingungen, die Zwischenlagerung in winzigen Behältnissen sowie der langwierige Weitertransport ans andere Ende der Welt dafür, dass für jedes in einem Zoo oder Zirkus gezeigte Wildtier zuvor unzählige andere der gleichen Art sterben mussten.

In Deutschland gilt *CITES* seit 1976 und stellt seither für die Zirkusse ein großes Problem dar. Viele für den Zirkusbetrieb interessante Arten wie Menschenaffen oder asiatische Elefanten werden in Anhang 1 des Übereinkommens als vom Aussterben bedroht gelistet: Der Handel mit diesen Tierarten ist grundsätzlich verboten. Ausnahmen sind nur unter der Voraussetzung möglich, dass keine kommerziellen sondern wissenschaftliche Zwecke verfolgt werden.

Während es zoologischen Gärten immer wieder gelingt, den Behörden weis zu machen, ihr Betrieb diene wissenschaftlichen Zwecken, sind die Zirkusunternehmen seit Jahrzehnten von großen Teilen des Tiernachschubs abgeschnitten. Mit Blick auf das zirzensische Bannertier „Elefant" wichen sie anfänglich auf afrikanische Tiere aus, die als schwerer dressierbar und weniger robust gelten, als ihre asiatischen Artgenossen, bis auch sie in Anhang 1 aufgenommen wurden. Und so manches *CITES*-Dokument wurde nach dem Tod des betreffenden Tieres recycelt. So ist es schon vorgekommen, dass Zirkusschimpansen auf dem Papier ein kaum vorstellbares Alter erreicht haben, aber bei einer genauen veterinärmedizinischen Untersuchung plötzlich deutlich jünger waren. In der Tat stellt der Vollzug des Artenschutzrechts im Zirkus ein großes Problem dar. Eigentlich sollte jedes Tier einer geschützten Art gechipt sein und ein dazugehöriges *CITES*-Dokument vorliegen. Wie aber soll eine Vollzugsbehörde bei einem durchreisenden Unternehmen überprüfen, ob das vorgezeigte Dokument tatsächlich zum mitgeführten Löwen oder Tiger gehört? Ein Ablesen des Chips ist bei solchen Tieren nur unter Narkose möglich und unterbleibt daher zumeist.

Nachzuchten oder Neuerwerbungen werden vielfach nicht ordnungsgemäß dokumentiert oder registriert, ebensowenig Todesfälle. Häufig verfügen Zirkusse daher über eine bunte Sammlung von Artenschutzdokumenten, die nur wenig mit dem vorhandenen Tierbestand gemein haben.

EU-Recht

Für den Schutz von Tieren ist die EU nicht zuständig, vielmehr fällt Tierschutz in die Zuständigkeit der einzelnen Mitgliedstaaten. Dennoch hat sich die EU vor einigen Jahren mit der Wildtierhaltung im Zirkus beschäftigt und eine *Verordnung zu Tiergesundheitsvorschriften für die Verbringung von Tieren in Zirkusse zwischen Mitgliedstaaten* festgelegt (Verordnung (EG) Nr. 1739/2005 der Kommission vom 21. Oktober 2005). Ziel dieser Verordnung ist nicht der Schutz der Tiere, vielmehr geht es darum, die Gesundheitsrisiken, die von quer durch Europa transportierten Tieren ausgehen, durch Registrierung und veterinärmedizinische Kontrollen zu minimieren. In der Praxis lässt jedoch die Umsetzung auch dieser Verordnung zu wünschen übrig.

3. Realität im heutigen Zirkus

Der Zirkus mit Tieren gehört wie die Hundehatz auf angekettete Bären und Stiere oder der Hahnenkampf in den Abfalleimer der antiken Tierquälerei, und sollte uns nicht länger unterhalten.

Desmond Morris

Die Haltung von Wildtieren in Gefangenschaft ist für diese immer mit massiven Einschränkungen verbunden. Kein Gehege ist so groß wie das Streifgebiet in freier Natur, kein *Enrichment*, also Spiel- und Beschäftigungsmaterial, kann die natürlichen Lebensbedingungen ersetzen und keine Schaufütterung die Jagd. Im Zirkus sind die Tiere zudem durch die ständigen Transporte in extrem beengten Kisten und Käfigen, das meist vollkommen unnatürliche Sozialgefüge der Dressurgruppen und die in der Regel repressive Dressur selbst, die sie zu artwidrigstem Verhalten nötigt, zusätzlichen Belastungen ausgesetzt. Daran ändert sich auch nichts, wenn die Zirkusbetreiber ihre besondere Tierliebe betonen und lauthals bekunden, die Tiere seien „Teil unserer Familie".

Ständige Ortswechsel

Das schwindende Interesse des Publikums und die große Zahl an Konkurrenten zwingen die Zirkusunternehmen zu häufigen Ortswechseln. Viele ziehen nach einer Woche weiter, manche schon nach drei Tagen. Für die Tiere bedeutet das fünfzig oder mehr Transporte im Jahr, Fahrdistanzen von über 100 km sind dabei keine Seltenheit. Doch nicht nur während der eigentlichen Fahrtzeit sind die Tiere in die Transportwagen und -kisten eingesperrt. Zumeist müssen sie auch schon während des Abbaus am alten Gastspielort und während des Aufbaus am neuen darin ausharren. Je nach Fahrdistanz, vorhandenen Zugmaschinen und Organisationstalent der Verantwortlichen kann dies einige Stunden bis hin zu einem ganzen Tag dauern.

Im Durchschnitt ist das Gros der Zirkustiere 41 Tage pro Jahr in beengte Transportwagen oder -kisten eingesperrt. Da in reisenden Unternehmen alles in erster Linie auf Mobilität hin ausgerichtet sein muss, stehen die Bedürfnisse der Tiere hintan; auch in den sogenannten „Zirkusleitlinien", die letztlich von Vertretern und Freunden des Zirkus formuliert wurden.

Im Durchschnitt 41 Tage pro Jahr verbringen Elefanten im Zirkus eingesperrt in Transportwagen.

In derlei tristen Käfigwagen müssen Großkatzen im Zirkus den größten Teil ihres Lebens zubringen.

Für ein Nashorn reicht daher, rechtlich besehen, ein Käfigwagen von 20 Quadratmetern Grundfläche, für zwei Großkatzen sind gerade einmal 12 Quadratmeter vorgeschrieben (= weniger als zwei hintereinandergestellte Tischtennisplatten). Entsprechend erbärmlich ist die Ausstattung der Wagen. Für Großkatzen (unverbindlich) vorgeschrieben sind Liegebretter, ein Kratzbaum und eine Rückzugsmöglichkeit, wobei, wie in den Leitlinien ausdrücklich vermerkt, für letzteres ein „halbeingezogener Schieber" genügt. Beklemmende Enge, die natürliches Verhalten unmöglich macht und neurotisches fördert.

Auch die Vorgabe, am jeweiligen Standort „Außengehege" für die Tiere bereitzustellen, ist dem ständigen Ortswechsel angepasst. Bei Elefanten genügt es, sie hinter elektrischen Weidezäunen zu halten, Tiger und Löwen werden hinter Gitterelemente gesetzt, die an ineinandergesteckte Bauzäune erinnern. Es scheint, als hätten die Zirkusbetreiber selbst nur wenig Vertrauen in diese Konstrukte, denn oftmals erlebt man, dass sie zwar alibimäßig aufgebaut, aber nur kurzzeitig unter Aufsicht oder auch gar nicht genutzt werden.

Dagegen vorzugehen ist den Vollzugsbehörden kaum möglich. Gemäß Zirkusleitlinien sind für Bären gerade einmal sechs, für Großkatzen vier Stunden Aufenthalt in einem „Außengehege" vorgesehen; Elefanten dürfen nachts, während der Vorbereitung zu Proben oder Vorstellungen sowie zum Durchführen von Pflegemaßnahmen in Ketten gehalten werden. Eine Erklärung, weswegen die Außengehege bei einer behördlichen Kontrolle gerade verwaist sind, gibt es also immer (ganz abgesehen davon, dass den Leitlinien keine Rechtsverbindlichkeit zukommt). So ist es schon vorgekommen, dass ein Zirkus mit seiner Elefantenherde nach einer Woche weitergezogen ist und im „Außengehege" der Dickhäuter kein Grashalm geknickt war.

Systemimmanente Probleme

Dem deutschen Tierschutzrecht ist Genüge geleistet, wenn ein Zirkus seine Tiere den Mindestvorgaben der Leitlinien entsprechend hält. Den Bedürfnissen der Tiere wird er damit jedoch nicht annähernd gerecht, was selbst für Laien nicht zu übersehen ist. Statt durch die weiten Savannen Afrikas oder die tropischen Wälder Asiens zu streifen, verbringen fast alle Elefanten in deutschen Zirkussen einen Großteil ihres Lebens an Vorder- und Hinterbein gefesselt. Wenn sie mal „Freigang" haben, stehen sie sich auf einem winzigen Stück Wiese die Beine in den Bauch. Rein rechtlich sind 250 Quadratmeter für drei Elefanten ausreichend, ein durchschnittliches Fußballfeld ist bis zu 30mal so groß. Statt ausgedehnten Bädern, die bei freilebenden Elefanten täglich bis zu zwei Stunden dauern, gibt es im Zirkus allenfalls eine Dusche mit dem Gartenschlauch, damit die Tiere während der Vorstellung schön sauber aussehen (was in freier Natur eigentlich nie der Fall ist). Der Mangel an artgemäßer Bewegung auf natürlichem Grund ist so eklatant, dass viele Elefanten an massiven Fußproblemen leiden, die tatsächlich zu den häufigsten haltungsbedingten Todesursachen bei Elefanten zählen.

Nicht minder trostlos als das Dasein der Elefanten im Zirkus ist das der Großkatzen. Wie seit je werden sie in kleinen vergitterten Wagen gehalten, in denen sie sich gerade einmal umdrehen können. Hält der Zirkus sich tatsächlich an die Vorgaben der Leitlinien, dürfen sie stundenweise in ein „Außengehege“, in dem ihnen bestenfalls ein Kratzbaum, ein Planschbecken und ein paar alte Autoreifen als „Spiel- und Beschäftigungsmaterial“ zur Verfügung gestellt werden.

Alles Schönfärberei

Hartnäckig beharren Zirkusbetreiber und -freunde darauf, dass die Haltungsbedingungen kein Problem darstellen. Allemal hätten es Zirkustiere besser als Tiere im Zoo. Sie würden regelmäßig beschäftigt, hätten Spaß an der Dressur und der Vorführung in der Manege. Es seien an den Zirkusbetrieb gewöhnte Tiere, die insofern nicht mit Wildtieren zu vergleichen seien.

Tatsächlich gibt es keine „Zirkustiere“, Die im Zirkus gefangengehaltenen und dressierten Wildtiere haben die gleichen Bedürfnisse wie ihre wilden Artgenossen, egal, ob es sich um „Wildfänge“ handelt oder sie in Gefangenschaft „gezüchtet“ wurden. Anders als domestizierte Tiere, die sich über Jahrtausende und viele Generationen dem Menschen und seiner Lebenswelt angepasst haben, sind sie nicht an ein Leben in der Nähe des Menschen gewöhnt.

Großkatzen, die stundenlang im Kreis laufen oder Elefanten, die apathisch ihren Kopf hin und her schwenken, sind der unwiderlegbare Beweis dafür, dass Wildtiere nicht in Gefangenschaft gehalten werden können, ohne psychisch krank zu werden. Solche Verhaltensstörungen, Stereotypien genannt, gehören nicht zum normalen Verhalten der Tiere. Sie sind

Die äußerst sozialen Elefanten werden im Zirkus willkürlich zusammengewürfelt. Hier stehen eine asiatische und eine afrikanische Elefantenkuh angekettet nebeneinander; beide zeigen schwere Verhaltensstörungen.

ein Zeichen für physisches und psychisches Leiden und treten dann auf, wenn Tiere keine Möglichkeit haben, ihre natürlichen Verhaltensweisen auszuleben.

Nicht nur die extreme räumliche Enge und die damit einhergehende Monotonie lassen Wildtiere im Zirkus psychisch krank werden. Tiere, die von Natur aus ausgesprochene Einzelgänger sind, werden mit ihren Artgenossen zusammengepfercht, während hoch soziale Tiere in Isolationshaft gehalten werden.

So leben Elefanten in Freiheit in sogenannten *Fission-Fusion-Communities* zusammen. Den Kern bilden auf matrilinearer Verwandtschaft beruhende Familienverbände, die sich zu Herden zusammenschließen *(fusion)* und wieder von diesen trennen *(fission)*. Elefantenkühe bleiben zumeist ihr ganzes Leben in der mütterlichen Familie. Sie gehören zu den Tieren mit den engsten sozialen Bindungen und dem ausgeprägtesten Sozialverhalten im Tierreich, Jungtiere werden gemeinsam aufgezogen, verletzte Mitglieder der Herde geborgen und versorgt, tote Artgenossen betrauert.

Bei im Zirkus gehaltenen Tieren gibt es keine Familienverbände. Die Elefanten werden in wahllos zusammengekauften Gruppen gehalten, die oft nur aus zwei bis drei weiblichen Tieren bestehen. Wesentliche Elemente ihres normalen Verhaltens, wie Geburt oder Aufzucht von Jungtieren, können sie nicht ausleben. Selbst wenn die Tiere lernen, einander zu akzeptieren, kann dies keineswegs mit einer normalen sozialen Interaktion gleichgesetzt werden, wie sie bei freilebenden Elefanten zu beobachten ist. Doch zumeist herrschen Konkurrenzverhalten, Futterdiebstahl, Dominanzbekundungen und Mobbing vor.

Diese systemimmanenten Probleme lassen sich nicht durch bessere Vorschriften oder strengere Kontrollen lösen. Daher lehnen nicht nur Tierrechtler und Tierschützer, sondern zunehmend auch Tierärzte die Haltung von Wildtieren im Zirkus ab. Sowohl die Bundestierärztekammer als auch die *Federation of Veterinarians of Europe*, die Dachorganisation der Tiermediziner in Europa, spricht sich für ein Verbot der Wildtierhaltung in reisenden Zirkusbetrieben aus.

Vom Löwenbändiger zum Tierlehrer

Es gibt wohl kein noch so widernatürliches Kunststück, zu dem man Wildtiere im Zirkus noch nicht gezwungen hätte. Da müssen Elefanten auf einem Seil balancieren, Affen auf Stelzen laufen, Tiger durch brennende Reifen springen und Bären Fahrrad fahren. Sie müssen gemeinsam mit Tieren auftreten, denen sie in freier Natur nie begegnen oder die sie sofort töten oder von denen sie getötet würden. Bären und Affen werden auf's Groteskeste herausgeputzt, mit bunten Krägen und Halskrausen, einem Hut oder Federbusch auf dem Kopf; vielfach werden sie auch in alberne Kostüme gesteckt.

Wie bringt man die Tiere dazu, hier mitzumachen? Glaubt man der Riege an Zirkusdomteuren, kommt heutzutage nur noch „positive Verstärkung“ zum Einsatz, sprich: ein paar Leckerchen und lobende Worte. Gewalt, wie es sie früher gegeben haben mag, sei heute völlig ausgeschlossen. In der Tat lesen sich ältere Veröffentlichungen – hier eine Passage aus dem 1898 erschienen Standardwerk von Pierre Hachet-Souple *Die Dressur der Thiere* – wie schierer Horror: „Die Affen gehen auf dem gespannten Seil ebenso gut wie auf der Erde. Das Balancieren auf den Vorderhändchen erreicht man, wenn man ihnen, sobald sie auf allen Vieren stehen, auf die Schenkel von oben nach unten schlägt.“ Und an anderer Stelle desselben

Buches: „Um wilde Thiere zu schwierigen Exercitien, wie es beispielsweise die der Hunde sind, zu dressiren, muß man sie in der Hand haben, muß direct auf sie einwirken können und sie in ein Menge ermüdender Stellungen und Bewegungen bringen, und zwar mit Aufbietung aller Energie, sonst kommt man auch bei den geeignetsten, den sanftesten Exemplaren nicht zum Ziele. Der Dresseur muss Gift zu Hülfe nehmen. Wie ein Zahnarzt, wird er sie mit irgend einem narkotischen Mittel ein wenig betäuben, ihnen alsdann in aller Ruhe ein starkes Halseisen, mit einer soliden Spannkette, eine Art Kappzaum, einen Maulkorb und ähnliche Fesseln anlegen, er wird mit einem Wort, solche Vorsichtsmaßregeln treffen, daß Schaden zu thun ihnen unmöglich gemacht ist. Wenn sie zu sich kommen, sind sie gebändigt, besiegt." Unumwunden wird auch der Einsatz von Eisenhaken und glühenden Eisenstangen zugegeben, womit Bären und Hunde zum Tanzen und unbotmäßige Elefanten zur Räson gebracht werden könnten.

Und heutzutage soll alles mit „sanfter Dressur" gehen? Das zumindest möchten die Dompteure, die neuerdings „Tierlehrer" genannt werden wollen, die Öffentlichkeit glauben machen. Behutsam würden die Tiere an die Manege gewöhnt, zudem würde eine enge und vertrauenvolle Beziehung zum Dompteur aufgebaut. In einer Besucherbroschüre mit dem sinnigen Titel *Wir lieben unsere Tiere* schwadroniert *Circus Krone* davon, „wieviel Zeit, Geduld und Liebe man benötigt, um das Vertrauen der Tiere zu gewinnen. Kaum anderswo sind Partnerschaften zwischen Mensch und Tier so intensiv und geprägt wie im Circus", denn: „Partnerschaft zwischen Mensch und Tier, getragen von einem unerschütterlichen Vertrauensverhältnis, ist die Grundlage jeglicher Dressurarbeit".

Besonders phantasievoll schildert dies Professor Klaus Zeeb, bekennender Zirkusfreund und Vorsitzender der Sachverständigengruppe, die die Zirkusleitlinien erstellt hat. In seinem 2001 erschienenen Buch *Wie man Tiere im Circus ausbildet* (mit einem Vorwort von Circus-Direktorin Christel Sembach-Krone) schreibt er: „Ebenso wie bei Pferden beginnt die Erziehung schon beim Elefantenbaby wenige Tage nach der Geburt. Es muss begreifen, neben der Mutter und deren Herdengenossinnen auch den Menschen in seinen Vertrauensbereich miteinzubeziehen. [...] Das Baby muss lernen, der Mutter auf den Wegen, die der Tierlehrer vorgibt, zu folgen. Zu diesem Zweck wird ihm ein Halsband mit einem Seil daran umgelegt, dessen anderes Ende die Mutter im Maul hält. So lernt das Baby seine Umgebung kennen."

Fakt ist jedoch, dass es in ganz Europa nur *einen einzigen* Elefanten in einem reisenden Zirkus gibt, der in einem Zirkus geboren wurde (und das auch nicht in Deutschland), alle anderen sind Wildfänge, die als Jungtiere, fast noch als Babys, gewaltsam von ihren Müttern getrennt wurden. Solche Tiere werden traditionell „eingebrochen". Das heißt: nach der Gefangennahme werden sie über Tage festgebunden, mit Futter-, Wasser- und Schlafentzug sowie gezielten Schlägen mit einem sogenannten „Elefantenhaken", einem mit einem spitzen Haken versehenem Dressurstock, malträtiert. In alten asiatischen Lehrbüchern über die „Zähmung" von Elefanten gibt es detaillierte Abbildungen, die zeigen, welche Stellen am Körper eines Elefanten besonders empfindlich sind; ebendort setzen die Peiniger an.

Mit dem Elefantenhaken, auch Ankus genannt, ohne den man kaum jemals einen Elefantendompteur sieht, werden die versklavten Elefanten ein Leben lang schmerzlich daran erinnert, wer der Stärkere ist. Den ahnungslosen Zuschauern entgehen zumeist die schnellen, geübten Bewegungen, mit denen der Haken an den schmerzempfindlichsten Stellen - rund um die Augen, am Mund, an den Ohren und an den Geschlechtsteilen – angesetzt wird. Mitunter zeugen blutende Verletzungen, Fleischwunden oder ein erblindetes „Manegenauge" davon, dass die Haken, entgegen aller Beteuerung der Zirkusse, bis heute noch in traditioneller Weise zum Einsatz kommen. Unbemerkt bleibt häufig auch der Einsatz verbotener Elektroschocker, die in Dressurstöcken oder – besonders perfide – in einem künstlichen Blumenstrauß versteckt werden. Während der Dompteur das Tier scheinbar nur sanft berührt, versetzt er ihm in Wirklichkeit einen äußerst schmerzhaften Stromschlag. Ganz ähnlich funktioniert auch die Kontrolle von Affen in der Manege. Dem Publikum erscheint es, als würde der Dompteur dem Tier liebevoll über den Kopf streichen, tatsächlich aber bohrt er ihm seinen angespitzten Fingernagel in das empfindliche Ohr.

Obgleich die selbsternannten „Tierlehrer" sich gerne sanfter Dressurmethoden rühmen, findet die tatsächliche Dressurarbeit – mit Ausnahme öffentlichen Schautrainings – verborgen vor den Augen der Öffentlichkeit statt. Und dies nicht ohne Grund, denn anders als in den romantisierenden Beschreibungen von Professor Zeeb sind die Methoden, die dabei zum Einsatz kommen, in der Regel alles andere als feinfühlig. Selbst in renommierten und als besonders tierfreundlich geltenden Unternehmen werden Tiere, die nicht das leisten, was von ihnen verlangt wird, gnadenlos geprügelt.

Da werden Großkatzen die Fangzähne ausgeschlagen, damit sie keine Gefahr mehr für den Dompteur darstellen, Bären werden nicht ausreichend gefüttert und getränkt, so dass sie besser manipulierbar sind und Elefanten werden beim kleinsten Ungehorsam geschlagen, bis sie vor Schmerzen schreien. Auch Betäubungsmittel (Valium u. a.) gehören zum Repertoire

Dieser Liger (= Hybridzucht aus männlichem Löwen und weiblichem Tiger) wurde aus einem Zirkus beschlagnahmt. Als das Tier für den Abtransport narkotisiert war, zeigte sich, dass man ihm die Fangzähne ausgeschlagen hatte.

der Tierlehrer, um die Tiere gefügig zu machen. Öffentlich werden nur die wenigsten dieser Misshandlungen, und kaum eine davon wird strafrechtlich verfolgt.

Selbst die bizarrsten Dressurnummern werden mit der Legende des „menschlichen Leittiers“ erklärt. Egal ob Löwenrudel, Tigergruppe oder Elefantenherde: sie alle unterwerfen sich angeblich dem Dompteur, akzeptieren ihn als „Alphatier“ und hören auf sein Kommando. Dominantes Auftreten, gelegentliches Schwingen der Peitsche und positive Verstärkung (= Belohnung) bei „richtigem“ Verhalten sollen genügen, damit sie sich ihm freiwillig unterordnen. Die stets mitgeführte Peitsche wird in der erwähnten Besucherbroschüre des *Circus Krone* verklärt als „verlängerter Arm und Taktstock“ des Dompteurs, „um die Tiere zu führen und anzuzeigen, was man von ihnen abverlangt“.

Derlei Behauptungen sind wenig glaubhaft, werden doch im Tierreich Rangordnungskämpfe in aller Regel unter massivem körperlichem Einsatz ausgetragen. Dressur körperlich weitaus überlegener Wildtiere ohne brachiale Gewalt gibt es nicht.

Der international bekannte Raubtierdomteur Dieter Farell, lange Jahre tätig bei *Circus Sarrasani* und dekoriert mit einer der höchsten Auszeichnungen der Zirkuswelt (*Silberner Clown* des Festivals von Monte Carlo) – schreibt in seiner 1988 unter dem Titel *Freunde auf Leben und Tod* erschienenen Autobiographie: „Und dann begann er [der Löwe] fauchend mich anzunehmen. Es gab keine andere Lösung. Diesmal mußte ich strafen. Ich hob den Stock und drosch augenblicklich auf den Löwen ein. Er wich zurück. Als ich jedoch von ihm abließ, ging er wieder zum Angriff über. [...] Wieder schlug ich auf ihn ein... Pfiffe gellten aus dem Publikum. [...] Sie begriffen nicht, daß ich nicht nachgeben durfte, ohne unter den physisch ungleichen Bedingungen meine 'soziale Stellung' preiszugeben."

Auch ein langjähriger Elefantendompteur gibt unumwunden zu: „Es klingt nicht schön, und ich weiß, dass man seine Fachmannsweisheiten eigentlich für sich behalten sollte, weil es die Leute nicht gerne hören, aber es ist nun einmal so. Die Tiere, die unter der Dressur stehen, müssen schlottern vor ihrem Herrn..."

Doch nicht nur die zum Einsatz kommenden Trainingsmethoden sind brutal, auch viele der „Kunststücke" selbst, die den Tieren abverlangt werden, sind gesundheitsschädlich oder sogar lebensgefährlich.

Gerne werden, um die Vorherrschaft des Menschen über die Natur zu verdeutlichen, Tiere unterschiedlicher Arten zu gemeinsamem Auftritt gezwungen, Tiere, die einander in freier Natur nie begegnen oder sofort aufeinander losgehen würden. Auf die Zuschauer mögen gemeinsame Auftritte etwa von Tigern und Löwen eher problemlos wirken – beides sind schließlich Großkatzen –, tatsächlich aber sind sie hochriskant. Zwischen den unfreiwillig in der beengten und umgitterten Manege zusammengedrängten Raubtieren kommt es immer wieder zu Kämpfen auf Leben und Tod.

Trotz all der *offensichtlich* widernatürlichen Darbietungen – letztlich machen diese das Wesen der Zirkusshows aus – halten die Zirkusbetreiber und Dompteure an der Behauptung fest, moderne Tierdressur baue auf dem natürlichen Verhalten der Tiere auf. Selbst den andressierten Kopfstand von Elefanten erklären sie zum Normalverhalten der Tiere, das diese auch in freier Natur zeigten. Laut *Circus Krone* ruhe beim Kopf- oder Rüsselstand „das Gewicht des Elefanten auf den beiden Vorderbeinen und der Stirnplatte. Möchte ein Elefant in der Natur Wasser aus einem Wasserloch nehmen, bedient er sich dieser Übung." Dass Elefanten beim Trinken aus einem Wasserloch alles andere als einen Kopfstand mit in die Luft gestreckten Hinterbeinen aufführen, bleibt unerwähnt.

Mit natürlichem Verhalten haben die meisten Dressurnummern nichts gemein.

Tatsächlich sind derlei Darbietungen andressierte akrobatische Höchstleistungen, bei denen die Tiere in Positionen gezwungen werden, die ihre Gesundheit nachhaltig beeinträchtigen, ungeachtet dessen, dass laut *Circus Krone* ein Gericht bestätigt habe, es gebe „keine tierärztlichen Bedenken" dagegen. Unphysiologische Dressurakte führen zu einer vorzeitigen Abnutzung der Gelenke, Bänder und Sehnen, die Folge sind chronische Lahmheit und erhebliche Schmerzen. Nach Ansicht von Experten leiden die meisten Elefanten im Zirkus an Überlastungsschäden.

Die vermeintlich freundschaftliche und vertrauensvolle Beziehung zwischen Dompteur und Wildtier zählt zu den größten Illusionen, die dem Zirkusbesucher verkauft werden. Gäbe es solche Beziehungen, würde es nicht immer wieder zu gefährlichen, nicht selten auch tödlichen Angriffen von Tieren kommen, die sich gegen ihre Unterjochung wehren. Noch nach monatelanger, mitunter jahrelanger „vertrauensvoller Zusammenarbeit", versuchen die Tiere, ihre Chance zu nutzen. „Meisterdompteur" Farell: „Das ging so schnell, daß ich mir auf die Schnelle kein Bild machen konnte. Ich merkte nur noch, daß Carlo im Begriff war, mich zu attackieren. Und schon war er heran und schlug seine Reißzähne in meinen Oberschenkel. Ich spürte den Schmerz gar nicht. Ein Hieb mit dem Stock auf seine empfindliche Nase – und er ließ augenblicklich los. Doch jetzt kam Sudan von der anderen Seite. Sudan hatte es auf mein linkes Bein abgesehen. Es gelang mir gerade noch, auszuweichen. Die gefährlichen Zähne zerfetzten zum Glück nur meine Reithose. Dann hatte auch er einen Nasenhieb weg. [...] Energisch trieb ich nun alle Tiere zurück auf ihre Postamente. Ich spürte, wie es warm wurde an meinem Bein: Blut." Nicht nur Großkatzen, auch Bären, Krokodile, Affen und insbesondere Elefanten setzen sich immer wieder gegen ihre Dompteure zur Wehr.

Wie sämtliche Wildtiere im Zirkus werden Elefanten im „direkten Kontakt" zum Menschen gehalten. Diese Haltungsform beruht auf permanenter Kontrolle, auf sofortiger Bestrafung bei Ungehorsam und auf fortwährender Demonstration der menschlichen Dominanz.

Im südostasiatischen Raum, wo Elefanten seit je als Arbeitstiere herangezogen werden , sind tödliche Angriffe an der Tagesordnung. Seit Elefanten in ähnlicher Manier im Zirkus gehalten werden, hat es auch hier viele Verletzte und Tote gegeben. Insbesondere die Haltung von Elefantenbullen, die ihrer prächtigen Stoßzähne wegen zu den besonderen Attraktionen zählen, hat unzählige Pfleger, Dompteure, aber auch Besucher das Leben gekostet. In der sogenannten *Musth*, einer testosteronbedingt regelmäßig auftretenden Phase gesteigerter Aggressivität sind Elefantenbullen völlig unberechen- und unkontrollierbar.

Im 19. und in der ersten Hälfte des 20. Jahrhunderts wurden Elefanten, die im Zirkus zu sogenannten *„man-killern"* geworden waren, sprich: ihre Wärter oder Dompteure angegriffen oder getötet hatten, in aller Regel sofort selbst getötet. Da dies gar nicht so einfach ist, kamen im Laufe der Zeit die unterschiedlichsten Tötungsmethoden zur Anwendung. Die Tiere wurden erschossen (gelegentlich sogar mit Kanonen), erhängt, erstochen, erdrosselt vergiftet oder, ganz mit der Zeit gehend, per Stromschlag getötet. Mitunter erfolgte die Tötung eines *„man-killers"* als öffentliche Hinrichtungsshow, um die Sensations- und Gaffgier des Publikums zu bedienen. Besonders geschäftstüchtige Zirkusbetreiber ließen Tribünen aufbauen, verkauften Eintrittskarten für das grausame Spektakel und Erinnerungspostkarten mit einer Abbildung des getöteten Tieres. Die Exekution der Elefantenkuh TOPSY im *Luna* Vergnügungspark von New York im Jahre 1903 wurde zum Massenevent, zumal sie mittels eines 6600-Volt-Stromschlages vorgenommen werden sollte: man hatte eigens eine dem gefürchteten „elektrischen Stuhl" vergleichbare „Electrocutionsanlage" für das sechs Tonnen schwere Tier gebaut. Die Hinrichtung der Elefantenkuh, die

Erschießung des Elefantenbullen CHARLIE ED im Zoo von San Francisco (1937). Der Zoo hatte den „man-killer“ *von einem Zirkus übernommen, nachdem der Bulle auch einen Zootierpfleger getötet hatte, wurde er erschossen.*

drei Männer getötet hatte, wurde gar gefilmt, um weiteren Profit daraus schlagen zu können

Auch heute noch müssen Elefanten sterben, wenn sie sich nach Jahren der Unterdrückung zur Wehr setzen. Traurige Berühmtheit erlangte insofern die afrikanische Elefantenkuh TYKE, die 1994 während einer Vorstellung des *Circus International of Honolulu* ihren Dompteur tötete. Anschließend floh sie in Panik aus dem Zirkuszelt. Gejagt von einem Trupp Polizisten wurde sie letztlich mit 86 Schüssen getötet. Wie sich herausstellte, stand der Dompteur, gegen den es schon zuvor Beschwerden wegen der Misshandlung von Elefanten gegeben hatte, zum Zeitpunkt des Angriffs unter dem Einfluss von Alkohol und Drogen. Insgesamt sind seit 1980 in europäischen und nordamerikanischen Zirkussen wenigstens 52 Menschen von Elefanten getötet und 145 teils schwer verletzt worden.

Wie innig die Beziehung des Dompteurs zu seinen Tieren ist, zeigt sich spätestens dann, wenn sie zu aggressiv, alt oder krank sind, um in der Manege aufzutreten. Dann werden sie nicht selten im nächstbesten leerstehenden Gebäude weggesperrt, bis ein Käufer gefunden ist. Wer das ist, ist dabei egal.

Lässt sich das Tier noch nicht einmal dem unbedarftesten Neudompteur andrehen, muss eine andere Lösung her. So geschehen in Frankfurt, wo erst ein vier- und ein sechsjähriger Tiger spurlos verschwanden und wenig später auch der Zirkus sich in Luft auflöste. Im Laufe der Ermittlungen verdichteten sich die Hinweise auf einen Veterinär in Norddeutschland, dessen Wohn- und Geschäftsräume schließlich polizeilich durchsucht wurden. Dort fand sich eines der verschwundenen Tigerjungen; als Bettvorleger. Der Veterinär gab zu, die Tiere im Auftrag des Zirkus getötet zu haben, da diese zu aggressiv waren, um weiter mit ihnen zu arbeiten. Die Körper der toten Tiere erhielt er als Lohn. Einen ließ er sich zum Vorleger verarbeiten, den anderen erhielt der Präparator als Honorar.

Qualifikation Fehlanzeige

Für die meisten Berufe bedarf es einer entsprechenden Qualifikation, in der Regel einer Lehre oder eines abgeschlossenen Studiums. Zirkusdirektor, Dompteur oder Stallmeister werden kann hingegen jedermann. Eine anerkannte Ausbildung, die dazu befähigen würde, mit gefährlichen Wildtieren durch die Lande zu reisen und mit ihnen vor Publikum aufzutreten, gibt es nicht. Tatsächlich sind die Auflagen für die Haltung eines als gefährlich angesehenen Hundes strenger, als für die Haltung einer Raubtiergruppe im Zirkus. Für letztere ist lediglich eine Erlaubnis nach § 11 Tierschutzgesetz notwendig, die von einem Veterinäramt zu erhalten keine großen Ansprüche stellt. Sie wird erteilt, wenn die für die „Tätigkeit erforderlichen fachlichen Kenntnisse und Fähigkeiten [...] anzunehmen" sind. Da es keine geregelte Ausbildung für Tätigkeiten im Zirkus gibt, kann eine etwaige Befähigung auch nicht über Zeugnisse oder Bescheinigungen nachgewiesen werden. Den Behörden genügt es zumeist, wenn der Antragsteller im Zirkus aufgewachsen oder eine Weile mitgereist ist.

Hinderlich für den Erhalt einer Genehmigung nach § 11 Tierschutzgesetz ist allenfalls, wenn der Antragsteller in den letzten fünf Jahren wegen eines Verstoßes gegen das Tierschutzgesetz belangt wurde. Aber selbst dann findet sich immer noch ein anderer Zirkusmitarbeiter, der formal die Verantwortung übernimmt. Wer genau sich dann tatsächlich um welches Tier kümmert, ist für die genehmigungserteilende Behörde bei einem reisenden Betrieb, der heute hier und morgen dort ist, ohnehin nicht kontrollierbar.

Die meisten Zirkusse in Deutschland werden von Großfamilien betrieben, die schon seit Generationen im Schaustellergewerbe tätig sind. In diesen Familien zählen die Kinder zum Personal. Schon in jungen Jahren, wenn sie noch besonders beweglich sind, müssen sie am Abend als Artisten in der Manege auftreten und an den Reisetagen beim Auf- und Abbau des Zelts helfen. Ein regelmäßiger Schulbesuch ist so kaum möglich. Viele der Erwachsenen, die heute einen Zirkus leiten oder dort arbeiten, verfügen daher nur über randständige formale Bildung.

In größeren Zirkusbetrieben gibt es neben den Familienmitgliedern auch angelernte Hilfskräfte, denen neben der schweren körperlichen Arbeit beim Auf- und Abbau des Zeltes auch die pflegerische Versorgung der Tiere obliegt. Vielfach handelt es sich dabei um junge Männer osteuropäischer Herkunft, die nicht selten mit falschen Versprechungen angeworben werden. Berichte von vorenthaltenem Lohn, unzumutbaren Unterkünften, Drohungen und gewaltsamen Übergriffen sind keine Seltenheit.

Angesichts des vielfach völlig unqualifizierten Pflegepersonals und der prekären finanziellen Situation der meisten Zirkusunternehmen verwundert der miserable Ernährungs- und Pflegezustand, in dem viele Tiere sich befinden, nicht. Gefüttert wird, was erschwinglich oder gerade verfügbar ist, und seien es eimerweise alte Schaumwaffeln vom zirkuseigenen Süßwarenstand. Mangelernährung, Kleinwuchs, Deformation von Gliedmaßen und Leberschäden sind unter Zirkustieren weit verbreitet. Selbst das Trinkwasser wird rationiert, entweder aus Dressurgründen oder um zu verhindern, dass die Tiere während der Vorstellung in der Manege urinieren.

Besonders problematisch ist die medizinische Versorgung der Wildtiere im Zirkus. Bundesweit gibt es nur wenige spezialisierte Tierärzte, die Elefanten, Schimpansen oder Tiger behandeln können. Diese Spezialisten extra anreisen zu lassen, ist teuer. Oftmals werden sie daher erst gerufen, wenn jede Hilfe zu spät kommt; nicht selten auch erst auf Druck von außen.

Die Mitleidlosigkeit, mit der selbst verletzte oder schwerkranke Tiere von einem Gastspielort zum nächsten mitgeschleppt werden, anstatt sie stationär behandeln zu lassen, straft jede Erzählung von der innigen Beziehung zwischen Mensch und Tier im Zirkus Lüge. Da werden Elefanten die aus eigener Kraft nicht mehr aufstehen können, mit dem Gabelstapler hochgezogen, um sie weiter durch die Lande karren zu können; großflächige offene Wunden werden mit Zierbändern überdeckt, damit sie dem Publikum nicht auffallen.

Für besonderes Aufsehen sorgte der grausame Tod der asiatischen Elefantenkuh MÄDI. Ihr Todeskampf wurde zufällig von einem Passanten gefilmt, das 47-minütige Video später auf *YouTube* hochgeladen. Die Elefantenkuh, die seit Jahren an einer Rüssellähmung litt, war wenige Monate vor ihrem Tod von einem Zirkus an einen anderen abgegeben worden. Ihr neuer Halter, Spross einer großen Zirkusfamilie, brachte das Tier kurzerhand und ohne die nötigen Papiere nach Estland. Die Behörden in Deutschland, die auf Druck von Tierschutzverbänden nach dem kranken Tier suchten, stießen bei der Familie des Zirkusbetreibers auf eine Mauer des Schweigens. Unterdessen musste die abgemagerte und von Narben gezeichnete MÄDI in Estland nicht nur in der Manege sondern auch in Fußgängerzonen, auf Beachparties und Kindergeburtstagen auftreten. Keine Gelegenheit wurde ausgelassen, das offensichtlich kranke Tier gewinnbringend einzusetzen. So auch an ihrem Todestag. Auf dem letzten Video von MÄDI ist sie zusammen mit ihrem Dompteur in einem See zu sehen. Auf Anweisung des „Tierlehrers" legt sie sich zur Seite, so dass dieser, angefeuert von einer johlenden Zuschauergruppe am Ufer, auf ihr herumklettern kann. Verzweifelt versucht MÄDI sich aufzurichten. Ihr Mund ist unter Wasser, den gelähmten Rüssel kann sie nicht heben. Ihre Bewegungen werden immer kraftloser. Erst als es schon zu spät ist, hält der Dompteur ihren Rüssel über die Wasseroberfläche, doch da ist dieser schon voll Wasser gelaufen. Wenig später wird der tote Körper MÄDIS mit einem Bagger aus dem Wasser gehoben. Experten gehen davon aus, dass sie durch Ertrinken in Verbindung mit Kreislaufschwäche starb.

Trotz seines offensichtlichen Mangels an Sachkunde und Zuverlässigkeit wurde dem Dompteur, der als „Elefantentrampler" traurige Berühmtheit erlangte, kein Tierhalteverbot auferlegt. Er darf, wie ein Gericht entschied, weiterhin Tiere halten und gewerblich zur Schau stellen.

Dokumentierte Fälle wie dieser sind nur die Spitze des Eisbergs. Das namenlose Leid der Tiere bleibt hinter den bunten Zirkuskulissen verborgen. Und *Circus Krone* kann weiterhin unverdrossen behaupten: „Wir sind die größten Tierschützer, denn wir lieben unsere Tiere."

Alibis: Bildung und Artenschutz

Die ursprünglich nur von Tierrechtlern vorgebrachte Kritik an der Haltung und Dressur von Wildtieren im Zirkus ist mittlerweile zum Politikum geworden. Angesichts einer wachsenden Zahl an Kommunen und Nachbarstaaten, die Auftritte von Zirkussen mit Wildtieren teilweise oder gänzlich verboten haben, sehen sich die Zirkusunternehmen gezwungen, immer neue Rechtfertigungen für ihr Tun zu erfinden. So sind sie vor einigen Jahren auf die Behauptung verfallen, der Zirkus mit Wildtieren, den es in seiner bestehenden Form weniger als 250 Jahre gibt, sei ein besonders erhaltenswertes Kulturgut.

Laut *Circus Krone* stelle er sogar eine „der ältesten Formen der Unterhaltungskunst und Träger internationaler Kultur“ dar. Dem Image von Zirkussen, die Wildtiere mitführen, hat dies nicht geholfen, es ist kaum besser, als das von Stierkämpfern oder Walfängern, die ebenfalls für sich reklamieren, ihre Gemetzel seien erhaltenswerte Kulturgüter.

Und so versuchen die Zirkusmacher nunmehr, die Zurschaustellung von kopfstehenden Elefanten oder auf Pferden im Kreis reitenden Pumas als Beitrag zu Bildung und Artenschutz zu vermarkten. Verschwiegen wird dabei, dass es der Tierfang für Zoos und Zirkusse war, der dazu beigetragen hat, dass viele Arten an den Rand der Ausrottung gedrängt wurden. Erst mit der Einführung des internationalen Artenschutzübereinkommens *CITES* konnte dem ein Riegel vorgeschoben werden. Verschwiegen wird auch, dass viele der zur Schau gestellten Tiere sich im Zirkus der Fortpflanzung verweigern – oftmals sind sie der besseren Dressierbarkeit wegen auch kastriert –, so dass immer wieder Nachschub von außen erforderlich ist. Vielfach werden Wildtiere von dubiosen Tierhändlern dazugekauft; auch von Zoos werden „überzählige“ Tiere gerne an Zirkusse abgegeben.

Einen gewissen „Zuchterfolg“ können die reisenden Unternehmen allenfalls bei den Großkatzen für sich verbuchen. Wissenschaftlich koordinierte Zuchtprogramme gibt es allerdings nicht, von Auswilderungsprogrammen ganz zu schweigen. Im Vordergrund steht allemal die Vermarktbarkeit der Tiere. Süße Löwen- oder Tigerbabys treiben nicht nur Presse und Publikum zur Verzückung, auch der ein oder andere Politiker oder sonstig Prominente findet sich gerne dazu herbei, als werbeträchtiger „Pate“ zu fungieren.

Profitgier ist der einzige Grund für die vielgerühmte Haltung und Zucht von weißen Tigern und Löwen. Weiße Tiger sind keine Art oder Unterart. Ihr weißes Fell ist Folge eines seltenen Gendefekts. Vermutlich stammen

Derlei Dressurnummern – ein Bär rutscht eine Kinderrutsche herab – vermitteln ein ebenso falsches wie despektierliches Bild von Wildtieren.

alle heute lebenden Tiere von einem einzigen männlichen Exemplar ab, das 1951 in Indien gefangen wurde. Die Folge der extremen Inzucht sind zahllose gesundheitliche Probleme wie Totgeburten, massive Fehlbildungen und früher Tod. Dasselbe gilt für in Zirkussen gezüchtete weiße Löwen. Einen Beitrag zum Artenschutz leisten die Zirkusse gerade mit der Zucht weißer Großkatzen nicht, auch wenn sie dies mit dem ständigen Verweis auf die Seltenheit der Tiere glauben machen möchten. Auch sonst tragen sie zum Artenschutz *nicht*s bei. Gegenteilige Behauptungen, wie etwa der zirkusbefürwortende Zoologe Dr. Thomas Althaus sie vorträgt, sind durch nichts belegt: „Circusse leisten heute durch die Zucht einen Beitrag zur Erhaltung einer starken Population in menschlicher Obhut von in der Natur teilweise gefährdeten Tierarten." Vollends absurd werden Althaus' weitere Ausführungen: „Die im Circus in ihrer natürlichen Schönheit als aktive, handelnde Wesen präsentierten Tiere werden zu Botschaftern ihrer Art, wecken Sympathien und sprechen den Circusbesucher über das emotionale Erleben direkt an. Der Circusbesucher will, dass diese Arten auch in ihrem natürlichen Lebensraum weiterhin existieren können und setzt sich für deren Schutz ein." Weshalb und vor allem wie der Zirkusbesucher das denn machen soll, bleibt im Dunklen.

Ebenso absurd ist das „pädagogische" Selbstverständnis des *Circus Krone*, der sich allen Ernstes als „Bildungsstätte" anpreist, in der Kinder und Erwachsene „vieles über das Wesen von Tieren und über den Umgang mit ihnen lernen können". Zur Bestätigung wird der bekennende Zirkusfreund Professor Dr. Klaus Zeeb angeführt, der wortreich darauf hinweist, „dass die Besucher des Circus beim Beobachten der Arbeit der Tierlehrer mit ihren Schützlingen ungeheuer viel darüber lernen können, wie man den Alltag auch der eigenen Haustiere bereichern kann. Was gilt es bei der Ausbildung, bei der Arbeit mit Tieren zu beachten? [...] Vor allem aber darf er [= der Mensch] das Tier nicht vermenschlichen. Tiere haben andere Bedürfnisse als Menschen! Und das alles kann man bei den Proben mit und den Vorführungen von Tieren im Circus lernen."

Durch die Zurschaustellung von Wildtieren, die auf Rollern durch die Manege fahren, auf Bällen balancieren oder durch brennende Reifen springen, wird Kindern ein vollkommen falsches Bild des Wesens dieser Tiere vermittelt. Im Zirkus lernen Kinder *nichts* über das natürliche Verhalten der gezeigten Tiere, und erst recht nichts über ihren Lebensraum. Sie lernen vielmehr, dass es völlig in Ordnung ist, Tiere auf beengtestem Raum einzusperren und in Unterhaltungsshows vorzuführen. Zirkus lehrt nicht Respekt und Rücksichtnahme, sondern Unterwerfung und Herrschaft.

Lug und Trug

Für eine Erwähnung, sprich: kostenfreie Werbung in lokalen Medien tun Zirkusse alles. Selbst „Ausbrüche" von Tieren werden gekonnt inszeniert, so dass die Presse darüber berichtet, natürlich unter Verweis auf das aktuelle Gastspiel. Beliebt sind auch Spaziergänge mit Elefanten durch örtliche Fußgängerzonen oder über Marktplätze. Dass derlei Formen des Marketings ausgesprochen gefährlich sein können, wird von den Zirkusbetreibern billigend in Kauf genommen.

Selbst einen Elefanten, der schon Menschen angegriffen und lebensgefährlich verletzt hatte, setzte man weiterhin für derartige Werbeauftritte ein. So wurde die afrikanische Elefantenkuh BABY von ihrem Halter, dem Betreiber des *Zirkus Francordia*, vormals *Circus Luna,* über Jahre hinweg für PR-Gags jeder Art missbraucht; gerne auch für Besuche auf Schulhöfen. In der Lokalpresse waren dann stets Aufnahmen von begeisterten

Das „Freigehege" des Nashornbullen TSAVO (geb. 1976) im Circus Krone. Seit seinem zweiten Lebensjahr wird TSAVO in der Manege eingesetzt. 2010 entging Circus Krone nur knapp einer Katastrophe, als der 3,5-Tonnen-Koloss während einer Vorstellung außer Kontrolle geriet, die Manegenumrandung zertrampelte und in den Zuschauergang stürmte.

Kindern zu sehen, die einen Elefanten umringen, Nicht berichtet wurde darüber, dass die Elefantenkuh schon mehrmals Eltern und Kinder angegriffen hatte. Darunter einen Vater und sein erst neun Monate altes Baby, die sie mit den Stoßzähnen erst gegen einen Zaun drückte und dann vier Meter durch die Luft schleuderte. Der Vater erlitt schwere innere Verletzungen, der Säugling kam mit einem Oberschenkelbruch noch glimpflich davon. Bei einem weiteren Angriff brach sie einem 12-jährigen Jungen mit einem Rüsselschlag den Kiefer.

Die Warnungen renommierter Tierschutzorganisationen, die auf die Verhaltensstörung und das damit verbundene Gefahrenpotential von BABY hinwiesen, wurden von den zuständigen Veterinärbehörden vorsätzlich ignoriert und von Lokalmedien nachgerade ins Lächerliche gezogen, zumal Dr. Immanuel Birmelin, zirkusaffiner „Sachverständiger" bei der Erarbeitung der Zirkusleitlinien, behauptet hatte, die Elefantenkuh sei

„wunderbar sozialisiert"; dass sie Menschen verletzt habe, könne er sich nicht vorstellen. Ein kurzer Blick ins Internet hätte den „Experten" eines Besseren belehrt.

Unter bis heute ungeklärt gebliebenenen Umständen entkam die 3,8 Tonnen schwere Elefantenkuh am 13. Juni 2015 bei einem Gastspiel in Baden-Württemberg aus dem Stallzelt des *Zirkus Francordia*. Nur 100 Meter vom Zirkusgelände entfernt griff sie einen 65-jährigen Spaziergänger an und trampelte ihn zu Tode. Erst nach diesem Vorfall, der sich nicht mehr verschweigen oder schönreden ließ, wurde dem verantwortungslosen Treiben des Zirkus ein Ende gesetzt und BABY an einen Safaripark abgegeben. Gegen den Zirkus wurde Strafantrag wegen fahrlässiger Tötung gestellt. Juniordirektor Mario Frank setzte sich mit der völlig aus der Luft gegriffenen Behauptung dagegen zur Wehr, BABY sei von radikalen Tierschützern freigelassen worden, die insofern schuld am Tod des Rentners seien. Letztlich erhielt er einen Strafbefehl über 90 Tagessätze à 70 Euro.

Die Masche mit dem Mitleid

Bettelnde Zirkusmitarbeiter gehören alljährlich zum weihnachtlichen Straßenbild in den Fußgängerzonen deutscher Städte. Mit Ponys, Lamas, Eseln oder Kamelen werden Spenden gesammelt. Pappschilder mit Aufschriften wie „Wer Tiere liebt, der gerne gibt" lassen die Passanten glauben, das Geld werde zum Kauf von Tierfutter verwendet.

Gegen Ende des Jahres mehren sich auch Schlagzeilen in den Medien wie „Winterquartier gesucht – Familienzirkus in großer Not" oder „Ein Zirkus braucht Hilfe". Dazu ein Foto des jeweiligen Zirkusdirektors, wie er liebevoll eines seiner Tiere streichelt und im Subtext mitteilt, ohne Unterstützung der Leserschaft würde ebendieses Tier hungern oder frieren. Von den 430 Zirkussen die durch Deutschland touren, haben tatsächlich nur 135 ein festes Winterquartier. Die anderen spielen durch oder suchen sich kurzfristig einen mehr oder minder geeigneten Standplatz. Nicht selten werden öffentliche Plätze einfach besetzt.

Auch im Sommer kommt es vor, dass Zirkusunternehmen stranden und auf Unterstützung angewiesen sind. Das Schema ist immer das gleiche: Angeblich sei ein Unglück geschehen oder der Zirkus sei sonstwie unverschuldet in Not geraten, jedenfalls würden Spenden gebraucht, und zwar sofort. Mal ist die einzige Zugmaschine plötzlich kaputt gegangen, mal ein Zelt vom Wind zerstört worden, mal hat der unerwartet heiße Sommer die

Zirkus der Zukunft? Löwendressur bei Krone, Gastspielprogramm „Evolution", Chemnitz vom 22. August 2017.

Zuschauer fern gehalten oder ein Brand einen wichtigen Wagen mit wertvoller Ausrüstung zerstört. Überhaupt brennt es in Zirkussen erstaunlich oft. Das *Feuerwehr-Magazin* veröffentlichte schon 2002 unter dem Titel „Tatort Zirkus" eine beeindruckende Chronik wenig glaubhafter Zirkusbrände. Selbst Zirkusfreunde argwöhnen, dass alte Zirkuswagen absichtlich mit Unrat vollgestopft und mit einem elektrischen oder gasbetriebenen Heizer versehen werden, so dass, wie es auf der zirkusaffirmativen Seite *circusweb.de* heißt, „das Geschehen seinen Lauf nimmt. Wegen der Überhitzung gehen zuerst die eingeladenen Textilien und dann der ganze Wagen in Flammen auf, um anschließend auf die Mitleidsmasche zu setzen."

Der Lokalpresse ist ein in Not geratener Zirkus immer einen Artikel wert und so finden sich regelmäßig wohlmeinende Menschen, die mit Sach- und Geldspenden helfen. Mitunter leistet auch die Kommune schnelle und unbürokratische Hilfe, durch Zahlung von Sozialleistung oder durch Übernahme von Kosten für Wasser, Strom und dergleichen mehr. Mit Blick auf einen dubiosen Wagenbrand im *Zirkus Liani* schreibt das oben erwähnte *Feuerwehr-Magazin*: „Positiver Begleiteffekt des Brandes für die Zirkusfamilie: Die Gemeinde besorgte ihnen eine Sozialunterkunft. Und die restlichen Wagen sowie die Tiere durften nun doch bis zum Ende des Winters auf dem Volksfestplatz bleiben. Ursprünglich war dies von der Gemeinde abgelehnt worden. Und bei der Beschaffung eines gebrauchten Wohnwagens halfen die örtlichen Dienststellen der Zirkusfamilie auch."

Ist auch das letzte bisschen Hilfsbereitschaft ausgeschöpft, zieht der Zirkus weiter und gibt an einem anderen Ort die gleiche Vorstellung. Nicht wenige Zirkusse scheinen als reine Bettelunternehmen durchs Land zu ziehen, finanziert von Sozialhilfe, Sach- und Geldspenden.

Die Grenzen des Rechtsstaates

Wie wenig mit Zirkusbetreibern zu spaßen ist, merken die Kommunen, die Hilfeleistungen verweigern oder nicht im geforderten Umfang leisten. Da wird die vereinbarte Kaution nicht bezahlt, werden Plätze illegal besetzt oder nach dem Ende des Gastspiels nicht wie vereinbart geräumt; da wird auf erpresserische Weise damit gedroht, auf unabsehbare Zeit zu bleiben und für alle Mitarbeiter Sozialhilfe zu beantragen, um letztlich eine bis zu fünfstellige „Abfahrprämie" zu verlangen.

Immer wieder sind Großeinsätze der Polizei notwendig, um von Zirkussen besetzte Plätze zu räumen. Die privaten wie kommunalen Grundstückseigentümer haben das Nachsehen, sie bleiben zumeist auf den Kosten sitzen und müssen zudem Berge an Müll bis hin zu schrottreifen Zirkuswagen entsorgen, die auf den verwüsteten Gastspielplätzen hinterlassen werden.

Ungefährlich ist die Zwangsräumung eines Zirkus nicht, denn die Gewaltbereitschaft unter den Direktoren und Mitarbeitern vor allem der kleineren Betriebe ist, wie zahllose Zwischenfälle belegen, extrem hoch. Vorstrafenregister beachtlichen Umfangs, von gefährlicher Körperverletzung und illegalem Waffenbesitz über Belästigung der Allgemeinheit hin zu Landfriedensbruch und Widerstand gegen Vollstreckungsbeamte, zeugen davon.

Mal schlägt ein Zirkusdirektor im Streit um eine Freikarte einen Zuschauer nieder und tritt auf den am Boden Liegenden ein, mal liefern sich konkurrierende Unternehmen eine öffentliche Schießerei. Häufig sind Tierschützer die Opfer der gewaltsamen Übergriffe, sie werden mit Fäusten, Schaufeln oder Baseballschlägern attackiert, wenn sie für einen Zirkus ohne Tiere eintreten. Nicht selten enden friedliche Kundgebungen vor einem Zirkus auf Seiten der Tierschützer mit Platzwunden und Knochenbrüchen.

Anfang 2014 wurden Tierschützer, die eine angemeldete Demonstration vor dem *Zirkus Aeros* in Leipzig durchführten, von Zirkuspersonal übel zugerichtet: Vier der Aktivisten mussten mit dem Notarzt ins Krankenhaus gefahren werden. Sie hatten schwere Hämatome am Kopf, einen Nasenbruch sowie einen Rippenbruch davongetragen. Die Bahauptung der Zirkusmitarbeiter, sie selbst seien von den Tierschützern angegriffen worden und hätten sich nur zur Wehr gesetzt, erwies sich als frei erfunden. Letztlich wurden drei der *Aeros*-Schläger wegen schwerer Körperverletzung zu hohen Geldstrafen bzw. zu gemeinnützigen Arbeitsstunden verurteilt.

Im Juli 2015 schlugen Mitarbeiter des in Berlin auftretenden *Circus Schollini* alias *Circus Busch* einen Fotografen brutal zusammen, offenbar um zu verhindern, dass Mängel in der Tierhaltung dokumentiert würden. Gegen die Verantwortlichen des Zirkus wurde Strafanzeige erstattet, letztlich wurde ihnen ein Strafbefehl zugestellt. Die beispielhaft vorgestellten Fälle offener Gewalt stehen für ungezählte weitere Übergriffe von Zirkuspersonal auf Tierschützer.

Betrug, Nötigung, Beleidigung und Körperverletzung erscheinen den Zirkusbetreibern offenbar als probate Mittel, die eigenen Interessen durchzusetzen. Dies erschwert auch den Vollzug des Tierschutzrechts. Bedrohungen und tätliche Angriffe bei amtstierärztlichen Kontrollen sind keine Einzelfälle. Erfahrene Amtsveterinäre verständigen daher vor der Kontrolle eines Zirkusbetriebes die Polizei, damit diese im Bedarfsfall schnell zur Stelle sein kann. Laut Medienberichten hat Ende Mai 2017 ein nicht gesicherter Wachhund des in Berlin-Wedding gastierenden *Circus Voyage* einen Amtstierarzt so schwer verletzt, dass dieser im Krankenhaus notversorgt werden musste. Laut amtlichem Vermerk hätten daraufhin keine weiteren Nachkontrollen der zuvor festgestellten Mängel mehr durchgeführt werden können, da die Sicherheit der amtlichen Tierärzte auch unter Polizeibegleitung nicht habe garantiert werden können. Eine Strafanzeige wegen Körperverletzung sei erstattet worden. Auch die vorangegangenen Kontrollen seien nur unter Polizeischutz möglich gewesen, da der Zirkus den Amtsveterinären Hausverbot erteilt hatte.

Gekonnt nutzen Zirkusbetreiber den Umstand langsamer Dienstwege bei den zuständigen Behörden aus. Gerade die kleineren Betriebe kommen der Verpflichtung, jeden Ortswechsel spätestens beim Verlassen des aktuellen Auftrittsortes der zuständigen Behörde des folgenden anzuzeigen, vielfach nicht nach. Treten sie auf Privatgrund auf, weiß die jeweilige Kommune nicht notwendigerweise davon. Dadurch erfahren Amtsveterinäre zu spät, häufig auch nur zufällig durch Plakatierung oder über Hinweise von

Tierschützern, dass in ihrem Zuständigkeitsbereich gerade ein Zirkusgastspiel stattfindet (oder stattgefunden hat). Ihnen bleibt dann kaum Zeit, die Kontrolle der Tierhaltung vorzubereiten oder durchzuführen.

Dass viele Amtsveterinäre die Ergebnisse ihrer Kontrollen und erteilte Auflagen nicht in das Zirkuszentralregister eintragen, erschwert den Vollzug des Tierschutzgesetzes zusätzlich. Hinzu kommt, dass gerade kleinere Zirkusse mit besonders schlechter Tierhaltung und einschlägiger Vorgeschichte immer mal wieder den Betriebsnamen wechseln.

So werden bei den amtlichen Kontrollen regelmäßig die gleichen Missstände festgestellt: kahle Käfigwagen ohne die geringste Beschäftigungsmöglichkeit, das Fehlen von Außengehegen oder die mangelhafte Pflege und Versorgung einzelner Tiere oder ganzer Tiergruppen. Nicht selten ist zudem das Tierbestandsbuch unvollständig oder enthält eigenmächtige Ergänzungen; in vielen Zirkussen werden auch zwei oder mehrere dieser Bücher geführt, so dass nicht ersichtlich ist, welche Auflagen von vorherigen Behörden erteilt wurden oder welche Tiere überhaupt rechtmäßig mitgeführt werden dürfen. Kaum besser sieht es bei den artenschutzrechtlichen Genehmigungen aus, die nicht mit den vorhandenen Tieren übereinstimmen.

Den jeweiligen Amtsveterinären verbleibt allenfalls, Auflagen zu erteilen, deren Einhaltung sie meist gar nicht kontrollieren können, da das jeweilige Gastspiel kürzer währt als die Frist für ihre Umsetzung; oder aber der Zirkus in einer Nacht-und-Nebelaktion verschwindet, ohne den nächsten Gastspielort bekanntgegeben zu haben. Selbst das Verhängen eines Zwangsgeldes ist wenig zielführend, da es in der Kürze der Zeit nicht eingetrieben werden kann.

In der Theorie wird davon ausgegangen, dass jeder Zirkus ein festes Stamm- oder Winterquartier hat und von der dort zuständigen Behörde die Genehmigung nach § 11 TierSchG für die Zurschaustellung von Tieren erteilt bekommt. Diese Behörde hätte insofern entsprechende Druckmittel, die während der Tournee festgestellten Missstände zu ahnden und für Abhilfe zu sorgen. Die Realität sieht indes ganz anders aus, da nicht einmal ein Drittel aller Zirkusunternehmen über ein festes Stammquartier verfügt. Die Genehmigungen nach § 11 sind oftmals von Behörden ausgestellt worden, in deren Zuständigkeitsbereich sich die Zirkusse seit Jahren nicht mehr aufgehalten haben; vielfach gelten die Genehmigungen unbefristet. Ein für das Zirkuswesen zuständiges übergeordnetes Veterinäramt gibt es nicht.

So wiederholen sich die amtlichen Kontrollpossen an jedem Gastspielort, ohne dass dies für den Zirkusbetreiber nennenswerte Konsequenzen nach sich zöge. Leidtragende sind die Tiere, die Monat für Monat, Jahr für Jahr unter Bedingungen durch die Lande gekarrt werden, die noch nicht einmal den in sich völlig unzureichenden Mindestvorgaben der offiziellen Zirkusleitlinien entsprechen.

Trotz fortgesetzter Verstöße gegen das Tierschutzrecht kommt es nur höchst selten vor, dass Tiere aus Zirkusbetrieben heraus beschlagnahmt werden. Der Grund liegt darin, dass anderweitige Unterbringung insbesondere großer Wildtiere wie Elefanten, Großkatzen oder Giraffen rechtlich kompliziert und extrem zeit- und kostenaufwendig ist; abgesehen davon, dass es in ganz Europa nur eine sehr begrenzte Anzahl an Plätzen in entsprechenden Auffangeinrichtungen gibt. Abzuwarten bis das Problem weiterzieht, ist für Behörden allemal die einfachere Lösung.

In den seltenen Fällen, in denen eine Behörde sich doch einmal entschließt, ein Tier aus einem Zirkus zu beschlagnahmen, ist dies grundsätzlich nur mit Unterstützung der Polizei möglich.

Und selbst Vollzugsbeamte haben dann mit teils vehementem Widerstand zu kämpfen. Da wird gedroht, eine Elefantenherde in die Stadt zu treiben, den ganzen Zirkus in Flammen aufgehen zu lassen oder es wird der Versuch unternommen, mit dem zu beschlagnahmenden Tier zu flüchten. So geschehen bei der Beschlagnahme des Braunbären BEN im März 2016 in einer niederbayerischen Kleinstadt. Nachdem BEN, seit 22 Jahren Manegenstar des österreichischen *Nationalzirkus Louis Knie* alias *Circus Alberti*, zweimal innerhalb einer Woche alleine, ohne Futter oder Wasser, in einem fensterlosen und nur knapp achteinhalb Quadratmeter großen Abteil eines Zirkuswagens zurückgelassen worden war, griff das zuständige Landratsamt mit einem Beschlagnahmebeschluss durch. Der Zirkuswagen samt BEN darin wurde in den nahegelegenen Hof der örtlichen Feuerwehr geschleppt. Nicht gerechnet hatte man aber mit der Reaktion der Zirkusmitarbeiter, die kurzerhand mit einer Zugmachine auf den Hof der Feuerwehr fuhren, den Bärenwagen ankoppelten und, da die Einfahrt mittlerweile von einem Streifenwagen versperrt wurde, durch den Zaun des Feuerwehrhofs brachen. BEN wurde erneut beschlagnahmt und in einen Gnadenhof für Bären gebracht, dessen Namen und Standort das Landratsamt vorsichtshalber geheim hielt. Erst ein Jahr später ging der Rechtsstreit um BEN, den der Zirkus zurückzuklagen versuchte, zu Ende. In einem Vergleich einigten sich das Landratsamt und der Zirkus darauf, dass letzterer alle Rechte an dem Bären verliere und dieser seinen Lebensabend auf dem Gnadenhof beschließen dürfe. Dem Zirkus wurden im Gegenzug die entstandenen Kosten in Zusammenhang mit der Beschlagnahme nicht in

Rechnung gestellt, und er erhielt den Bärenwagen zurück, in dem BEN so viele Jahre eingesperrt gewesen war.

Es verwundert wenig, dass selbst engagierte Amtsveterinäre mit der Zeit resignieren, wenn sie sehen, dass sie letztlich kaum eine Handhabe haben, Missstände abzustellen. Entsprechend lustlos werden die Kontrollen oftmals durchgeführt, schnell wird ein „o.B." (ohne Beanstandung) ins Tierbestandsbuch gekritzelt und die Überprüfung ist beendet. Wenn ein Kollege dann überraschend etwas genauer hinsieht und durchgreift, kommt die Frage auf, weshalb die Tierhaltung bei keiner der vorhergehenden Kontrollen beanstandet worden war. Die Zirkusse berufen sich auf die beanstandungsfreien Kontrollen und werfen dem korrekten Prüfer nun Schikane oder Rechtsbeugung vor. Am Pranger steht plötzlich nicht mehr der Zirkus, der seine Tiere verkommen lässt, sondern die Veterinärbehörde.

Promis, Politik und Public Relations

Nicht nur in kleinen und mittelständischen Zirkussen, denen es an finanziellen Mitteln und zuverlässigen Mitarbeitern mangelt, werden die Mindestvorgaben zur Tierhaltung im Zirkus nicht eingehalten. Selbst im *Circus Krone*, nach eigenen Angaben der „größte Zirkus Europas", leiden Tiere. Die langjährige Direktorin des Unternehmens wurde 2009 vom Amtsgericht Darmstadt wegen Tierquälerei zu einer Geldbuße verurteilt. Nach Angaben des Veterinäramtes wurde beim vorangegangenen Gastspiel bei sämtlichen Überprüfungen kein Pferd im Außenpaddock angetroffen; auch hatten die Elefanten bei keiner Kontrolle Beschäftigungsmaterial oder eine Scheuermöglichkeit. Bei allen Kontrollen war ein Teil der Elefanten mit Fußfesseln fixiert und zeigte Verhaltensstörungen. Wegen des jahrelangen Fehlens eines Außengeheges für die Schweinsaffen, wurde die Direktorin hingegen nicht belangt: es war vor der Verhandlung noch schnell angeschafft worden.

Doch das war nicht das einzige Mal, dass die Tierhaltung des Großunternehmens veterinäramtlich bemängelt wurde. Im Münchner Stammquartier des Unternehmens, dem sogenannten „Krone-Bau" waren die festgestellten Missstände derart gravierend, dass gegen die Verantwortlichen ein Zwangsgeld verhängt wurde. Viele Tiere waren über die Wintermonate in erheblich zu kleinen Gehegen eingesperrt, hatten zu wenig Auslauf und / oder keinen Zugang zum Außengehege. So maß das Außengehege der Junglöwen, die als Beleg für die „innige Mensch-Tier-Beziehung" im *Cir-*

cus Krone gerne vor laufender Kamera gekuschelt werden, statt der vorgeschriebenen Mindestgröße von 50 Quadratmetern, gerade einmal 8,2 Quadratmeter. Das entspricht in etwa der Durchschnittsgröße eines deutschen Badezimmers.

Betroffen waren wiederholt auch die in den Medien vielgepriesenen „Wappentiere" des *Circus Krone,* die Elefanten. Selbst bei guter Witterung kamen die Tiere nur ein- bis zweimal pro Woche ins Freie, und dann in ein viel zu kleines Außengehege. Die restliche Zeit wurden sie im völlig reizlosen „Elefantenbau" gehalten, oftmals in Reih und Glied angebunden. In einer bunt bebilderten Publikumsbroschüre des *Circus Krone* ist zu sehen, wie die Elefanten des Unternehmens sich im Schlamm suhlen und in einem See planschen; dazu wird erklärt, dass die Tiere nur zur Fütterung und zur Körperpflege fixiert würden. Im Übrigen hätten „alle Tiere im Circus Krone die denkbar beste Pflege, ausgesucht gutes Futter, geräumige Stallungen und Außengehege, optimale Betreuung durch qualifizierte Tierärzte und Hufschmiede und vor allem ständige Ansprache von Tierlehrern und Tierpflegern. Dies bestätigen auch die Amtstierärzte bei ihren regelmäßigen Prüfungen vor Ort."

Während *Circus Krone* trotz seiner 400 Mitarbeiter in den letzten Jahren nicht in der Lage oder willens war, seine Tiere dauerhaft auch nur den Mindestvorgaben entsprechend zu halten, waren die Bemühungen des Unternehmens, Kritiker zu diskreditieren oder mundtot zu machen, umso engagierter. Für seine Gastspiele warb *Circus Krone* zeitweise mit höchst eigenwilligen Werbeanzeigen, in denen Tierrechtler der Lüge bezichtigt wurden. Zudem wurden mehrere Prozesse gegen Tierrechtsorganisationen angestrengt, die dem Zirkus Tierquälerei vorgeworfen hatten; auch die Veröffentlichung heimlich gedrehten Videomaterials über Missstände in der Tierhaltung suchte der Zirkus – ebenso erfolglos – zu verhindern.

Gerne bewirbt sich der *Circus Krone* mit Prominenz aus Politik und Unterhaltungsbusiness. Schauspieler wie Ben Becker, Veronica Ferres, Michaela May oder Fritz Wepper fungieren als „Löwenpaten" und machen damit Werbung für den Zirkus. Selbst Bundestagsabgeodnete wie Volker Kauder (CDU) und Gregor Gysi (Die Linke) treten als bekennende *Krone*-Freunde in Erscheinung; Kauder, der eigenem Bekunden zufolge selbst gerne Zirkusdirektor geworden wäre, wurde sogar zum „Ehrenfan" des *Circus Krone.* ernannt. Auch andere Politiker wie der frühere bayerische Ministerpräsident Edmund Stoiber oder Bundeslandwirtschaftsminister Christian Schmidt (beide CSU) halten ihre schützende Hand über den

Circus Krone, dessen langjährige Direktorin 1998 sogar den „Bayerischen Verdienstorden“ verliehen bekam.

Zu den prominentesten Unterstützern des *Circus Krone* zählt gleichwohl Ex-Papst Joseph Ratzinger, der in seiner Amtszeit Zirkusdarstellern immer wieder Privataudienzen gewährt hat; selbst ein mitgebrachtes Löwenbaby wusste er medienwirksam zu segnen. Erwähnenswert an dieser Stelle sind die sogenannten „Zirkuspfarrer“, die Beginn oder Ende einer Spielzeit regelmäßig mit einem Gottesdienst in der Manege begehen. Zu den bekanntesten zählt der Luzerner Pfarrer Ernst Heller, der mit Klarinette selbst gern als Zirkusclown auftritt. „Gott liebt den Zirkus“, so Heller, „denn der Zirkus ist ein Stück Himmel auf Erden.“ Gerne verteilt er vom Papst gesegnete kleine Kreuze unter den Artisten und Dompteuren, so dass sie vor Unfällen und Angriffen exotischer Tiere geschützt sind.

Der Presse sind derartige Inszenierungen immer eine Geschichte wert. Kritische Fragen werden nicht gestellt. Vielmehr wird die heile Zirkuswelt heraufbeschworen, es wird in Nostalgie und Kindheitserinnerungen geschwelgt und vom Geruch des Sägemehls in der Manege geschwärmt. Überhaupt ist in Zeitungsberichten über Zirkusgastspiele keine Plattitüde abgedroschen genug, um nicht noch einmal gedruckt zu werden. Bequem ist es dabei, wenn der Zirkus gleich die Vorlage liefert und die Presserklärung ohne weitere Recherche übernommen werden kann. Um so kritischer fallen in der Regel Berichte über Tierschützer aus, die mit ihrem Protest die heile Zirkuswelt stören.

Zu erwähnen sind an dieser Stelle die zahllosen Bilder- und Vorlesebücher, dazu Spiel-, Bastel- und Malvorlagen, mit denen Kinder jeder Altersstufe an die „glitzernde Wunderwelt“ des Zirkus herangeführt werden. Ein Blick auf das Leid der Tiere findet sich in Büchern wie *Hurra! Hurra! Der Zirkus ist da* von Iris Wewer (2010) oder im Wimmelbilderbuch *Im Zirkus* von Doro Gröbel (2017) erwartungsgemäß nicht.

4. Hat der Zirkus mit Tieren eine Zukunft?

Der Zirkus darf nicht sterben.

Udo Jürgens

Der Zirkus liegt im Sterben, und man sollte ihm den Gnadenstoß versetzen, um die Tiere zu retten!

Jean-Yves Domalain

Zirkusse mit Tieren sind kein erhaltenswertes Kulturgut, sie sind Überbleibsel aus längst vergangenen Tagen, in denen auch der Besuch eines „Irrenhauses“ oder das Begaffen von Menschen anderer ethnischer Herkunft als respektable Freizeitgestaltung galten; aus Tagen, in denen die Vorherrschaft des weißen Mannes über andere Völker und über das andere Geschlecht nicht ernsthaft in Zweifel gezogen wurde.

Diese Zeiten sind glücklicherweise vorbei, nur für die Tiere hat sich wenig geändert. Es ist hierzulande immer noch völlig legal, sie lebenslänglich auf engstem Raum einzusperren, all dessen beraubt, was sie und ihr Leben ausmacht; genauso wie es immer noch völlig legal ist, sie zum Vorführen widernatürlichster oder albernster Kunststücke zu zwingen,

Gleichwohl besteht Hoffnung. Viele Zirkusunternehmen mit Wildtieren spielen immer öfter vor nahezu leeren Rängen. Sogar die traditionsreiche ARD-Zirkusgala *Stars in der Manege*, erstmalig ausgestrahlt 1959, wurde wegen anhaltenden Quotenschwunds im Jahre 2009 abgesetzt; und das, obwohl man, wachsenden Protestes von Tierschützern wegen, im Jahr zuvor erstmalig auf die Präsentation von Wildtieren verzichtet hatte. Die Show, die alles an Prominenz aufbot, was Politik, Unterhaltung und Sport zu bieten hatten, war alljährlich im *Circus Krone* aufgezeichnet und am zweiten Weihnachtsfeiertag zeitgleich in ARD, ORF und im Schweizer Fernsehen ausgestrahlt worden.

Einige wenige Zirkusbetreiber haben die Zeichen der Zeit erkannt und verzichten gänzlich auf Tierdarbietungen. Sie gehören zu den erfolgreichsten der Branche. Andere transportieren weiterhin dutzende oder gar hunderte Tiere Woche für Woche durch die Lande. Doch auch sie spüren deutlich, dass die Akzeptanz für ihr Tun in der Bevölkerung schwindet. Sonst wären keine Unternehmensberater für Kommunikation und keine eigenen Pressereferenten notwendig.

FREDDY vor seiner Rettung. Jahrelang wurde er alleine in diesem Zirkuswagen gehalten.

Ob moderneres Marketing das Überleben von Zirkussen mit Wildtierhaltung sichern wird, erscheint fraglich. Schon jetzt sind in einigen Großunternehmen die Spotlights endgültig ausgegangen: selbst der größte und älteste Zirkus der USA, der 1919 begründete *Ringling Bros. and Barnum & Bailey Circus*, musste seinen Betrieb einstellen. Vorangegangen war massiver öffentlicher Protest gegen die brutalen Dressurmethoden, denen junge Elefanten im „größten Zirkus der Welt" unterzogen wurden. Die unwiderruflich letzte Vorstellung fand am 21. Mai 2017 in New York statt.

Der nicht mehr übersehbare gesellschaftliche Wertewandel allein genügt jedoch nicht. Es bedarf rechtlicher Vorgaben, um sicherzustellen, dass die Haltung und Dressur von Tieren, insbesondere Wildtieren, im Zirkus in absehbarer Zeit ein Ende findet. Allein in Europa haben bereits 23 Länder die Haltung von Wildtieren im Zirkus teilweise oder gänzlich verboten. In Griechenland und Malta ist sogar jegliche Tierhaltung im Zirkus verboten.

Die drei Bundesratsinitiativen zum grundsätzlichen Verbot der Haltung bestimmter Arten von Wildtieren in reisenden Zirkusbetrieben waren wichtige Schritte in diese Richtung, desgleichen die zahlreichen kommunalen Auftrittsverbote. Jetzt ist es an der Bundesregierung, endlich zu handeln.

Es ist keine Frage mehr, ob es ein Verbot der Wildtierhaltung im Zirkus geben wird, sondern nur noch wann.

Was tun?

Gefordert wird von Seiten des Tierschutzes seit jeher ein Nachstellverbot; sprich: ein Verbot, weitere Tiere anzukaufen oder zu züchten. Dies hätte ein Auslaufen der Wildtierhaltung im Zirkus zur Folge, ohne dass plötzlich adäquate Unterbringungsmöglichkeiten für hunderte von Wildtieren benötigt würden.

Gleichzeitig ist es unumgänglich, dass den Tieren, die unter besonders schlechten Haltungsbedingungen leiden, sofort geholfen wird. Während es für einige Tierarten bereits Auffangstationen und Refugien gibt, z.B. für Primaten oder Bären, fehlen solche Unterbringungsmöglichkeiten für Tierarten wie Elefanten, Giraffen oder Robben.

Bis vor wenigen Jahren, war die Unterbringung von aus Zirkussen heraus beschlagnahmten Großkatzen ein nahezu unlösbares Problem. Mittlerweile haben verschiedene Tierschutzorganisationen Auffangeinrichtungen für diese Tiere begründet und großzügige Refugien etwa in Spanien oder Südafrika geschaffen. Beschlagnahmte Großkatzen können hier nach Jahren der Zirkusgefangenschaft ein weitgehend artgemäßes Leben führen.

Bereits jetzt leben dutzende aus Zirkusbetrieben befreite Wildtiere in Auffangstationen. Sie strafen all jene Dompteure und selbsternannten „Experten“ Lügen, die behaupten, eine Resozialisierung von Tieren aus Zirkushaltung oder sonstiger Unterhaltungsindustrie sei nicht möglich. Man muss kein Verhaltensforscher sein, um zu erkennen, welche Freude es einem vormals im Zirkus malträtierten Elefanten bereitet, sein erstes Sandbad in Freiheit zu nehmen und welch unbändiges Glück ein Schimpanse nach Jahren der Einzelhaft empfindet, wenn er erstmalig wieder auf Artgenossen trifft. FREDDY ist ein solcher Schimpanse. Viele Jahre seines Lebens war er alleine in einen maroden Käfigwagen eingesperrt: von seinem Dompteur wurde er genötigt, in der Manege den Clown zu machen und Küsschen zu geben. Mittlerweile lebt FREDDY unter Artgenossen in einer Auffangstation, groomt ihnen das Fell und lässt sich das seine groomen, genießt die Sonne und die Möglichkeit zu klettern und zu toben.

FREDDY ist der lebende Beweis, dass Wildtiere im Zirkus nicht zu „Zirkustieren“ werden. Sie bleiben Wildtiere mit den Bedürfnissen von Wildtieren. Werden diese nicht befriedigt, werden die Tiere körperlich und seelisch krank. Es ist an der Zeit, dass all die in Zirkussen gefangenengehaltenen und zu widernatürlichem Verhalten dressierten Tiere die Möglichkeit auf ein eigenständiges, artgerechtes Leben bekommen, ein Leben ohne ständige Transporte, ohne Gewalt, ohne Einsamkeit, Langeweile, Depression und Stress.

Manege frei von Tieren!

Literatur

Baratay, Erik / Hardouin-Fugier, Elisabeth: Zoo. Von der Menagerie zum Tierpark. Berlin 2000

Brando, Sabrina: Zirkus. In: Ferrari, Arianna / Petrus, Klaus (Hrsg.): Lexikon der Mensch-Tier-Beziehungen. Bielefeld 2015

Domalain, Jean-Yves: Gottes wilde Geschöpfe. Hamburg 1975

Elefanten-Schutz Europa e.V.: Elefanten im Zirkus: Ein Leben in Ketten. Karlsruhe 2000

Hegemann, Jan-Erik: Tatort Zirkus. In: Feuerwehr-Magazin 4/2002

Iossa, Graziella / Soulsbury, Carl et al.: A review of the welfare of wild animals in circuses. Horsham 2006

Iossa, Graziella / Soulsbury, Carl et al.: Are Wild Animals Suited to a Travelling Circus Life? In: Animal Welfare 18/2009

Johnson, William: Zauber der Manege: Der grausame Alltag der Tiere in Zirkus, Tierschau und Delphinarium. Hamburg 1992

Oettermann, Stephan: Fremde. Der. Die. Das. Völkerschauen und ihre Vorläufer. In: Viel Vergnügen: Öffentliche Lustbarkeiten im Ruhrgebiet der Jahrhundertwende. Essen 1992

Shana, Alexander: Elefanten sind einfach riesig. München 2001

Theophil, Daniela: Haltungsbedingungen von Zirkustieren in 25 Zirkussen in der Bundesrepublik Deutschland. Hannover 2008

Tierärztliche Vereinigung für Tierschutz e.V.: Vollzug des Tierschutzgesetzes in Zirkusbetrieben. Tagungsband. Mannheim 2001

Ullrich, Jessica / Steinbrecher, Aline (Hrsg.): Tiere und Unterhaltung. Tierstudien 9/2016

Online

11 Fakten, die Circus Krone am liebsten geheim halten würde. www.veganblog.de/2014/09/11-fakten-die-circus-krone-liebsten-geheim-halten-wuerde/

Animals in Circuses. http://endcap.eu/animal-circuses/

Bundestierärztekammer fordert Verbot von Wildtieren im reisenden Zirkus. http://www.bundestieraerztekammer.de/index_btk_presse_details.php?X=20120222210840

Circus Krone–Chronik. www.peta.de/kronechronik

Das Horrorkabinett der Affenmutti von Hönow. https://hpd.de/node/13124

Der qualvolle Tod des Zirkus-Elefanten Mädi ist kein Einzelfall. www.natur.de/de/10/Der-qualvolle-Tod-des-Zirkus-Elefanten-Maedi-ist-kein-Einzelfall,1,0,1312.html

Dokumentation der Elefantenhaltung im Circus Krone. /www.european-elephant-group.com/files/PDF/Circus_Krone_Dokumentation_2008.pdf

Elefantenhaltung im Circus. www.european-elephant-group.com/artikel-circus.htm

Elefanten in Zoo und Zirkus: Ein Leben in Ketten. www.prowildlife.de/bericht/elefanten-in-gefangenschaft/

Wildtiere im Zirkus: Tierquälerei mit Spaßfaktor. www.greenality.de/blog/wildtiere-im-zirkus-tierquaelerei-mit-spassfaktor/

Wildtiere in der Manege und das qualvolle Verharren im Zirkus-Kitsch. www.muc-book.de/2015/04/09/circus-krone-wildtiere-in-der-manege-und-das-qualvolle-verharren-im-zirkus-kitsch/

Zirkus. www.peta.de/themen/Zirkus

Zirkus. www.vier-pfoten.de/themen/wildtiere/zirkus/

Colin Goldner

Der Zoo – Kein Platz für Tiere

Einleitung

Während Zoos sich seit ihren Gründertagen Mitte des 19. Jahrhunderts in einem von Kritik weitgehend unangetasteten Freiraum bewegen konnten, gerieten sie Mitte der 1970er unter massiven Rechtfertigungsdruck. Mit der Verabschiedung des *Washingtoner Artenschutzübereinkommens* (CITES) im Jahre 1973, das den bis dahin völlig unkontrollierten Bezug von Tieren aus freier Wildbahn erheblich beschränkte, kam zum einen der für die Zoos unabdingbare Nachschub an Wildtieren spürbar ins Stocken, und zum anderen trat erstmalig der Anteil von Zoos an der Gefährdung von Wildtierbeständen ins öffentliche Gewahrsein: Für jedes in einem Zoo ausgestellte Tier waren zahllose Tiere der gleichen Art beim Fang oder während des Transports zu Tode gekommen; zudem war die Überlebensspanne der letztlich in den Zoos angekommenen Tiere extrem niedrig, so dass ständiger Bedarf an Nachschub bestand. Myriadenheere an Wildtieren waren insofern seit Mitte des 19. Jahrhunderts für europäische und amerikanische Zoos „der freien Wildbahn entnommen" worden.

Um der anwachsenden Kritik zu begegnen, sahen die Zoos sich genötigt, sich ein völlig neues Selbstverständnis zuzulegen, das über die bislang gepflogene simple Zurschaustellung von Tieren hinausführte. Man verständigte sich darauf, Zoos hinfort als auf vier Säulen stehend zu präsentieren: Bildung, Artenschutz, Forschung und Erholung. Die vorliegende Studie zeigt detailliert, wie wenig tragfähig diese vier Säulen sind und wie unseriös die Behauptungen der Zoobetreiber, die sich darauf stützen. Keinesfalls lässt sich die lebenslange Gefangenhaltung von Wildtieren damit rechtfertigen.

Im Zuge seiner Recherchen hat Autor Goldner quer durch die Republik wiederholte Besuche in mehr als 200 Zoos absolviert und hunderte protokollierter Beobachtungsstunden vor Gehegen und Käfigen zugebracht; *undercover* konnte er auch „hinter die Kulissen" einiger Betriebe blicken. Er hat mit Zoodirektoren gesprochen, mit Kuratoren, Tierärzten, Tierpflegern, Praktikanten und natürlich auch mit großen und kleinen Besuchern. Sein Fazit ist eindeutig: Zoos sind, entgegen aller Propaganda, Auslaufmodelle, die in der heutigen Zeit keine Existenzberechtigung mehr haben; sofern sie solche je hatten.

1. Geschichte der Einrichtung „Zoo"

Ich habe immer nicht begreifen können, welche Freude man daran haben kann, Tiere in Käfigen und Kästen einzusperren.

Adolph F. Knigge, 1788

Die erste größere Tiersammlung der abendländischen Welt mit einer Vielzahl an Elefanten, Giraffen, Löwen und anderen Exoten war bereits ab 1220 am sizilianischen Hof Friedrich II. entstanden. 1235 wurde eine königliche Menagerie im Tower of London eingerichtet. Vergleichbare Anlagen soll es auch schon im alten Ägypten und in Assyrien gegeben haben. Marco Polo berichtet von einer Art Privatzoo am Hofe der Zhou-Herrscher (1122-770 v.u.Z.), von der er auf seiner China-Reise gehört habe. Belege für die tatsächliche Existenz solch frühgeschichtlicher Einrichtungen gibt es freilich nicht. Allenfalls die Tiersammlung des römischen Kaisers Trajan (53-117 u.Z.) ist historisch verbürgt, desgleichen ein Tiergarten, den Aztekenherrscher Moctezuma II. sich Anfang des 16. Jahrhunderts u.Z. in Tenochtitlán (im heutigen Mexiko) hatte einrichten lassen.

Ab Mitte des 16. und bis herauf ins späte 17. Jahrhundert legten sich vor allem italienische Fürsten und Fürstbischöfe ihre je eigenen Menagerien zu; eine der berühmtesten, neben der der Medici in Florenz, entstand ab 1610 im Auftrage Kardinal Scipione Caffarelli-Borgheses, der damit seine als „Villa Borghese" bezeichnete Palast- und Parkanlage in Rom um ein weiteres Emblem frühbarocker Machtentfaltung erweiterte. Ein halbes Jahrhundert davor schon hatte der schwäbische Handelsmagnat Johann Jakob Fugger in Augsburg ein Gehege anlegen lassen, in dem er selbstimportierte Tiere aus Afrika und Südamerika zur Schau stellte. Die älteste heute noch bestehende Tiersammlung wurde 1542 unter Kaiser Ferdinand I. in Schönbrunn bei Wien begründet; unter Franz I. wurde sie ab 1751 um- und ausgebaut und ab 1778, teilweise zumindest, auch dem Wiener Bürgertum zugängig gemacht.

Zur bedeutendsten Menagerie ihrer Zeit stieg die ab 1662 auf Anordnung Ludwigs XIV. im Schlosspark von Versailles eingerichtete Tiersammlung auf. Vergleichbare Barockanlagen, wenngleich in kleinerem Maßstab, entstanden ab 1680 auch an anderen europäischen Höfen, die seinerzeit bekanntesten in Potsdam und Prag. Vielfach waren die Menagerien auch mit Jagdgattern verbunden – entsprechende Vorläufer mit Schalenwildhaltung hatte es an Adels-, Kloster- und Patriziersitzen schon ab Mitte des 14. Jahrhunderts gegeben –, in denen die fürstlichen Gesellschaften dem Jagdvergnügen nachgingen.

Seit dem frühen 16. Jahrhundert zogen sogenannte „Wandermenagerien" durch die Lande, die dem „einfachen Volk" dressierte Bären und Berberaffen vorführten, auch „Mohren", „Liliputaner" oder sonstig „kuriose" Menschen wurden zur Schau gestellt. Mit den regelmäßigen Schiffsverbindungen nach Afrika und Fernost erweiterte sich ab der zweiten Hälfte des 18. Jahrhunderts das Spektrum der vorgezeigten Attraktionen: in den Wandermenagerien konnten nun auch Elefanten, Löwen und andere exotische Wildtiere besichtigt werden. Ab Ende des Jahrhunderts waren auf Jahrmärkten und Volksfesten gelegentlich auch Exoten aus den höfischen Menagerien zu sehen, die mit dem Niedergang des Adels allenthalben aufgelöst und deren Insassen von fahrenden Schaustellen übernommen worden waren.

Auch die berühmte Tiersammlung Ludwig XIV. im Schlossgarten von Versailles war aufgelöst worden. Anstatt die Tiere freizulassen, was die ursprüngliche Revolutionsidee war, wurden sie entweder an Wandermenagerien verkauft oder geschlachtet und verzehrt. Ein paar übriggebliebene überführte man letztlich in eine neugeschaffene Ménagerie im Pariser *Jardin des Plantes* (= Botanischer Garten), die ab 1793 dem Volk kostenfrei zugängig gemacht wurde.

Jardin des Plantes

Die Pariser Ménagerie gilt insofern als erster Zoo „moderner" Prägung, der, zumindest in seinen Anfängen, den Anspruch verfolgte, ein „Hort der Aufklärung und Bildung für das gemeine Volk" zu sein. Sie diente als Modell für eine Vielzahl weiterer Zoogründungen in ganz Europa.

Ab den 1820er Jahren formierte sich in England eine ganze Reihe bürgerlicher Zoogesellschaften mit dem Ziel, eigene zoologische Einrichtungen zu etablieren. Im Gegensatz zu den fürstlichen Tiersammlungen und Ménagerien des 17. und 18. Jahrhunderts sollten diese Einrichtungen naturwissenschaftlicher Forschung und Lehre verschrieben sein. Der erste dieser Zoos wurde 1828 in London begründet, gefolgt von einer Reihe weiterer Zoos in englischen Großstädten. 1838 öffnete in Amsterdam der erste nicht-britische Zoo (abgesehen vom Pariser *Jardin des Plantes* und dem *Tiergarten Schönbrunn*) seine Tore und 1844 als erster bürgerlicher (wenngleich von der Gunst des preußischen Königshauses abhängiger) Tiergarten Deutschlands der Zoo Berlin. Bis zur Jahrhundertwende wurden in ganz Europa – vornehmlich in Ländern, die als Kolonialmächte unbegrenzten Zugriff auf Nachschub an Wildtieren hatten (d. h. in Russland, Frankreich, Dänemark, Portugal, Spanien, den Niederlanden, ab 1871 auch im Deutschen Kaiserreich) – dreißig weitere Großzoos etabliert. Außerhalb Europas gab es nur sehr vereinzelt Zoogründungen, die meisten davon entstanden in den Kolonialländern selbst, aus denen die Wildtiere für die europäischen Zoos bezogen wurden und dienten insofern als Sammel- und Umschlagplätze.

Eine ähnliche Zoogründungswelle wie in Europa gab es nur in den (von europäischen Einwanderern dominierten) USA, wo zwischen 1855 und 1899 vierzehn Großzoos und ungezählte kleinere Einrichtungen entstanden. Nach der Jahrhundertwende setzten sich die Zoogründungen ungebremst fort. Die Einrichtung „Zoo" blieb dabei im Wesentlichen ein europäisches Phänomen, das bis in die Zeit nach dem Zweiten Weltkrieg hinein eng mit dem Kolonialimperialismus verknüpft war. Ohne kolonialistischen Zugriff auf nachgerade unbegrenzten Nachschub an Wildtieren wären die europäischen Zoogründungen des 19. und frühen 20. Jahrhunderts nicht denkbar gewesen: Sie waren, ungeachtet der sonstigen Interessen, die mit ihrer Einrichtung und ihrem Betrieb verbunden waren, insofern immer Ausdruck kolonialer Herrschaftsallüre.

Bürgerzoos

War die Ménagerie im Pariser *Jardin des Plantes* in den ersten Jahren ihres Bestehens noch erkennbar dem revolutionären Selbstverständnis verpflichtet gewesen, zu Bildung und Aufklärung des Volkes beizutragen, verlor sich dieser Anspruch zusehends und spielte spätestens nach dem Staatsstreich Napoleons im November 1799 keine nennenswerte Rolle mehr. Die Ménagerie wurde der Leitung des zeitgleich mit dieser begründeten *Muséum national d'histoire naturelle* unterstellt, das, ebenfalls im Geiste der Revolution, der Überwindung theologischer und aristokratischer Bevormundung der Wissenschaften dienen sollte. Während in den Folgejahren unter der Patronage des *Muséum national* die namhaftesten Forscher und Naturphilosophen ihrer Zeit danach drängten, im *Jardin des Plantes* Studien am fortlaufend erweiterten Bestand exotischer Wildtiere betreiben zu dürfen, wurde das „gemeine Volk" zunehmend und letztlich komplett vom Besuch der Ménagerie ausgeschlossen.

Auch bei den bürgerlichen Zoogründungen spielte Bildung für die breite Masse der Bevölkerung keine Rolle. (Der 1828 begründete London Zoo etwa öffnete seine Pforten für die allgemeine Öffentlichkeit erst im Jahre 1845; bis dahin war er, wie auch die anderen britischen Zoogründungen vor 1850, einem exklusiven Zirkel an Naturforschern und Philosophen vorbehalten gewesen.) Erst in der zweiten Hälfte des Jahrhunderts und bedingt durch die Notwendigkeit, den ausufernden Finanzierungsbedarf der Zoos durch zahlendes Publikum abzudecken, erfolgte eine gewisse Öffnung der gehobenen Bourgeoisie gegenüber, die man kostenpflichtig in die Zoos lockte mit dem Versprechen, sie naturkundlicher Aufklärung und Belehrung teilhaftig werden zu lassen. Das „einfache Volk", das sich das Eintrittsgeld ohnehin nicht leisten konnte, war unerwünscht.

Der 1858 eröffnete Zoo Frankfurt am Main, als Aktiengesellschaft der erste wirkliche Bürgerzoo Deutschlands, hob darüber hinaus den moralischen Erbauungswert der Einrichtung Zoo hervor: „Von den politischen und sozialen Kämpfen des Lebens wendet sich jeder mit Befriedigung zu der Beobachtung der Natur, um im Anschauen und Erkennen ihrer Schöpfung und ewigen Gesetze Erquickung und Erholung zu finden." Der reaktionäre Rekurs auf die gescheiterte Bürgerrevolution von 1848/49 war unverkennbar: „ewige Gesetze" können nicht umgestürzt, sondern nur anerkannt werden.

Da der angesprochene Bildungsbürger für sein Geld aber nicht nur gebildet (und ggf. moralisch erquickt) sondern auch unterhalten werden wollte, wurden die Zoos bürgerlichem Geschmacksempfinden angepasst und entsprechend aufgerüstet. Bei den zahllosen ab Mitte des 19. Jahrhunderts quer durch Europa und in den USA neubegründeten Großzoos (z. B. Rotterdam, Moskau, New York, Warschau, Chicago, Helsinki, Barcelona), selbstredend auch bei jenen, die innerhalb des deutschen Staatenbundes bzw. des Kaiserreiches begründet wurden, trat der Unterhaltungscharakter zunehmend in den Vordergrund, was sich nicht zuletzt an der Gesamtgestaltung der jeweiligen Zoo- und Käfiganlagen zeigte: Für die neuerbauten Tierhäuser – auch die vor 1850 begründeten Zoos wurden entsprechend umgestaltet – entwickelten die Zooarchitekten eine phantastische Mixtur aus romantischen und historistischen Stilelementen, die tradierte bürgerliche Klischees widerspiegelten und insofern vom zahlenden Publikum begeistert goutiert wurden: Bären etwa wurden in „mittelalterlichen Burgen" gezeigt, Eulen in „verlassenen Klöstern". Auch exotistische Elemente spielten eine große Rolle: Im Zoo Berlin beispielsweise, der insofern eine Vorreiterrolle einnahm, gab es ein „Straußenhaus" in Gestalt eines ägyp-

Elefantenhaus, Zoo Münster, um 1900

tischen Pharaonengrabes oder eine „Dickhäuterpagode“ im Stil eines südindischen Hindu-Tempels; im Jahre 1872 baute man ein „Antilopenhaus“, das wie ein Sultanspalast aus „1001 Nacht“ aussah. Zu überregionaler Berühmtheit gelangte ein 1899 im Zoos von Münster errichtetes Elefantenhaus, das in grotesk überzeichneter Weise den Baustil einer osmanischen Moschee nachahmte. Mancherorts wurden auch Anleihen an den barocken Vorbildern höfischer Menagerien genommen.

Das ursprüngliche Forschungsinteresse der Zoos trat zunehmend hinter die Selbstinszenierung als Orte gepflegter Unterhaltung – und einhergehend damit: hinter kommerzielle Interessen – zurück. Geforscht wurde allenfalls noch mit Blick auf das zooeigene Interesse, die teils teuer erworbenen Tiere möglichst lange am Leben zu halten, um ihre Anschaffungskosten zu amortisieren und Profit mit ihnen zu erwirtschaften (Ernährung, Unterbringung, medizinische Versorgung etc.); desgleichen mit Blick auf die Optimierung von Zuchtergebnissen. Auch die Versuche zur „Acclimatisierung nutzbarer Tiere“ liefen unter dem Signet wissenschaftlicher Forschung: 1854 war in Paris neben dem *Jardin des Plantes* ein zweiter Zoo eingerichtet worden, in dem fremdländische Haus- und Wildtiere (Lamas, Yaks, Zebus, Sikahirsche etc.) an die klimatischen Bedingungen Mitteleuropas angepasst werden sollten, um dergestalt neue „Nutztiere" für die Fleisch-, Milch- und Wolleproduktion heranzuziehen. Die Tiere im sogenannten *Jardin d'Acclimatation* konnten wie in jedem anderen Zoo gegen Entgelt besichtigt werden.

Da die Kreuzungs- und Zuchtexperimente – ähnliche Versuche gab es in fast allen europäischen Zoos – nicht den gewünschten Erfolg zeitigten, gab man sie schon nach wenigen Jahren wieder auf. Nur zum Zwecke des Vergnügens für das Publikum wurden in einigen Zoos weiterhin Mischformen gezüchtet, die sehr beliebten, weil riesenwüchsigen „Liger" etwa, die aus verpaarten Löwen und Tigern entstanden. Zu wirklichem Erkenntnisgewinn, der über sie selbst hinausgewiesen hätte, trugen die Zoos nichts Nennenswertes bei. Selbst die taxonomische Klassifizierung neuentdeckter Arten, wie manche Zoos sie vornahmen, diente letztlich nur ihrer systematischeren Zurschaustellung. Mit Blick auf die jeweils vorgehaltenen Tiere bestätigten sie allenfalls die Meinungen, die über diese in den Conversationslexika und Almanachen der Zeit kursierten. Eine determinante Rolle spielte dabei der Naturforscher und Zoodirektor Alfred Brehm, dessen *Illustriertes Thierleben* – eine Mischung aus unreflektiert übernommenen Gerüchten, Fehleinschätzungen und Klischees und ebendiese vermeintlich verifizierenden Beobachtungen in Zoos – den Blick des Publikums auf die Tiere entscheidend formatierte.

Im Zuge ihrer Öffnung für das zahlende Bürgerpublikum suchten die Zoos sich mit größter Strenge gegenüber proletarischen Vergnügungen auf Rummelplätzen und in fahrenden Menagerien abzugrenzen, deren Unterbringung und Zurschaustellung wilder Tiere man als „tierquälerisch" verurteilte (obgleich die Verhältnisse in den Zoos des 19. und frühen 20. Jahrhunderts um *nichts* tiergerechter waren: Der einzige wirkliche Unterschied zwischen Menagerien und Zoos bestand darin, dass in letzteren keine „Tierkämpfe" stattfanden, bei denen Bären auf Hunde oder Hunde auf Ratten gehetzt wurden). Selbst die vergleichsweise zivilisierten Wandermenagerien, mit denen das holländische Tierhandelsunternehmen van Aken in der ersten Hälfte des 19. Jahrhunderts in ganz Europa unterwegs war, galten in bürgerlichen Kreisen als degoutant, desgleichen die fahrenden Tierschauen des italienischen Tierhändlers Lorenzo Casanova, die dieser bis 1870 unterhielt. Gleichwohl hatten die Bürgerzoos keinerlei Bedenken, über van Aken, Casanova und andere Menagerien Wildtiere für die eigenen Einrichtungen zu beziehen.

Auch gegen die vielerorts eröffneten Kuriositätenkabinette und Panoptika, in denen neben ausgestopften Tieren, Wachsfiguren und dergleichen mehr auch lebende Schlangen, Krokodile, Vögel und Affen gezeigt wurden, wussten die Zoos sich zu behaupten: Erfolgreich stilisierten sie sich als Horte gediegener Lustbarkeit und Erholung für das „bessergestellte Publikum“: Die Gehegebauten wurden mit den Jahren immer noch opulenter und prachtvoller ausgestaltet (was für die darin gefangengehaltenen Tiere allerdings keinerlei Verbesserung ihrer Lebensbedingungen bedeutete, ganz abgesehen davon, dass das Gros der Tiere nicht in den neuen Prunkbauten sondern wie seit je – und nicht anders als in den fahrenden Menagerien – in vergitterten Käfigen gezeigt wurde); es wurden Musikpavillons errichtet, Gaststätten- und Restaurationsbetriebe, mondäne Gesellschaftshäuser mit Tanzsälen, Konzert- und Theaterbühnen. Der sonntägliche Zoobesuch mit Matinée und Platzkonzert wurde Teil des bürgerlichen Pflichtprogramms; bis über die Jahrhundertwende hinaus galt der Zoo in vielen Städten als Mittelpunkt des gepflegten gesellschaftlichen Lebens.

Carl Hagenbeck

Einen Wandel hin zur Öffnung der Zoos für ein Massenpublikum leitete der Hamburger Tierhändler Carl Hagenbeck ein, der 1874, in direkter Konkurrenz zu einem schon Anfang der 1860er aus der Hamburger Bürgerschaft heraus begründeten „Zoologischen Garten“, einen privaten „Thierpark“ einrichtete, in dem er die Zurschaustellung exotischer Wildtiere mit jeder Menge Zirkus- und Rummelplatzattraktionen verknüpfte. Da er zudem die Eintrittspreise auf ein Niveau absenkte, das auch „kleinen Leuten“ den Besuch seiner Tierschauen erlaubte, erzielte er ungeheueren Publikumszuspruch.

Unter Rückgriff auf die Erfahrungen seines Vaters, der schon ab 1852 eine Schaubude mit „Wachsfiguren-Cabinet“ und „Ménagerie“ in St. Pauli betrieben hatte, zog Hagenbeck seinen „Thierpark“ ganz nach dem Geschmack des „einfachen Volkes“ auf: Neben der Zurschaustellung ständig wechselnder exotischer Wildtiere – Hagenbeck nutzte seinen „Thierpark“ auch als Zwischenlager für seinen Tierhandel – wurden regelmäßig Zirkusnummern mit dressierten Tigern, Elefanten und anderen Tieren vorgeführt.

Von Anfang an veranstaltete Hagenbeck auch sogenannte „Völkerschauen“. Anknüpfend an die bis ins frühe 16. Jahrhundert zurückreichende Tradition, auf Jahrmärkten und Volksfesten „abnorme“ oder „exotische“

Menschen auszustellen – auch im Umfeld der Schaubude seines Vaters waren Klein- und Riesenwüchsige, Missgebildete, Siamesische Zwillinge oder, wie es in damaligen Ankündigungen hieß, „Neger mit Tellerlippen“, „Schwarze Haarmenschen“ oder „Nackte Zuluprinzessinnen“ präsentiert worden –, importierte er „Exoten“ aus allen Teilen der Welt, bevorzugt aus Äthiopien, Somalia, dem Sudan, Birma, Ceylon und anderen als „rückständig“ geltenden Ländern und Kulturen, die er, oft unter irreführenden und falschen Versprechungen, von Agenten anwerben und nach Hamburg verschiffen ließ. Meist waren die Gruppen eine ganze Saison lang bei Hagenbeck zu besichtigen, dann wurden sie von anderen abgelöst. Letzlich fanden mehr als sechzig derart kulturchauvinistische und größtenteils unverhohlen rassistische „Völkerschauen“ in Hamburg statt, u. a. „Kaffern“ aus dem östlichen Südafrika (1886), „Ashanti“ aus dem heutigen Ghana (1898) oder „Indische Zigeuner“ aus dem heutigen Kerala (1900). In eigens angefertigten Kulissenlandschaften aus Holz und Pappmaschee mussten die einzelnen Gruppen „Szenen aus ihrem Alltagsleben“ vorführen. Auch wenn immer wieder nord- oder osteuropäische Gruppen auftraten, war doch die ganze Präsentation „wilder Menschen“ darauf angelegt, die Überlegenheit des zivilisierten und christianisierten „weißen Mannes“ herauszustellen: Vor allem die Schauen mit dunkelhäutigen Menschen waren offen rassistisch.

Nach ihren Auftritten in Hamburg wurden die „Völkerschauen“ auf Tourneen quer durch Europa weitervermarktet, reihum traten sie in zahlreichen anderen Zoos und Kolonialausstellungen auf. Nicht wenige der „Wilden“ sahen ihre Heimaten nie wieder: Sie fielen Infektionskrankheiten zum Opfer, gegen die sie keine Abwehrkräfte hatten.

Erst Anfang der 1930er wurden die Völkerschauen eingestellt (bzw. von den Nazis vereinnahmt, die noch bis Ende des Jahrzehnts Schauveranstaltungen nach Hagenbeckschem Vorbild organisierten: Über Jahre hinweg tourte etwa eine „Deutsche Afrika-Schau“ durch die Lande, die sich für die Wiedergewinnung der ehemaligen deutschen Kolonien stark machte. 1940 trat ein Auftrittsverbot für „Farbige“ in Kraft, was das endgültige Aus für die Völker- und Menschenschauen bedeutete).

Der immense Erfolg des Hagenbeckschen Konzepts, das neben den Schaubuden- und Rummelplatzelementen auch eine neue Art der Tierpräsentation umfasste – Hagenbeck hatte die Idee entwickelt, Tiere in gitterlosen, d. h. nur über Gräben gesicherte „Landschaftspanoramen“ zu zeigen –, bewog bzw. nötigte sukzessive auch die anderen Zoos zur Umgestaltung ihrer Anlagen und ihres Unterhaltungsangebotes (nachdem sie zuvor

„Völkerschau", Tierpark Hagenbeck, Hamburg, 1909

heftige Kritik an der „Verunwissenschaftlichung" und „Verjahrmarktung" des Zoobetriebes durch Hagenbeck geübt und sogar einen Boykott seines Tierhandels organisiert hatten); insbesondere mussten sie sich über gemäßigtere Eintrittspreise einem „breiteren Publikum" öffnen. Zoos, die dieser Entwicklung nicht folgten, verloren rasch an Zuspruch und gingen, wie etwa der Hamburger Zoologische Garten, der, ganz im Geiste seines Gründungsdirektors Alfred Brehm, an der herkömmlichen Art des „Bürgerzoos" festhielt, letztlich pleite. Für die Tiere selbst änderte sich durch die gitterlose Präsentation nach Hagenbeckschem Vorbild kaum etwas: Während der Nacht und bei ungeeigneter Witterung, sprich: die meiste Zeit des Jahres, wurden sie wie bisher in engen Innenbehausungen zusammengepfercht. Die Mehrzahl der Zootiere eignete sich ohnehin nicht für die Panoramen, sie wurden weiterhin, auch bei Hagenbeck selbst, in vergitterten Kleingehegen und Käfigen gehalten.

Rummelplätze

Ungeachtet wissenschaftlicher oder pädagogischer Ambitionen, die einzelne Zoobetreibergesellschaften und Zoodirektoren vielleicht noch verfolgten, und aller Mühe, die sie sich gaben, ein bürgerliches Ambiente aufrechtzuerhalten, verkamen die Zoos nach der Jahrhundertwende mehr und mehr zu Stätten kleinbürgerlichen bzw. proletarischen Freizeitvergnügens, in denen die vorgehaltenen Tiere allenfalls noch die Kulisse abgaben für Auftritte von Dompteuren, Kunstreitern oder Schlangenbändigern, für Karussellfahrten, Radrennen und Ballonaufstiege. Allenfalls die „Publikumslieblinge" – Elefanten, Flusspferde, Menschenaffen – oder nach Hagenbeckschem Vorbild in „Freiluftpanoramen" inszenierte Tiergruppen zogen noch größere Aufmerksamkeit auf sich. 1909 bemängelte die Fachzeitschrift *Der Tiergarten*, die Zoos seien, anstatt „der großen Menge die Bekanntschaft mit den Tieren der Heimat und insbesondere auch fremder Länder zu vermitteln und auf diesem Wege den Sinn für die Naturwissenschaften zu heben", nicht über den „Standpunkt der Menagerien" hinausgekommen. Ganz ähnlich äußerte sich der Münchner Zoologieprofessor Richard von Hertwig, Gründungsmitglied des Tierparks Hellabrunn: „Die zoologischen Gärten haben leider einen ganz anderen Entwicklungsgang genommen als die botanischen; sie haben den Charakter von Schaustellungen und Vergnügungsanstalten gewonnen, bei denen auch bei den besten Intentionen der Vorstände die wissenschaftlichen Interessen gegenüber den geschäftlichen in den Hintergrund treten müssen".

Mit Ausbruch des Ersten Weltkrieges nahm das Bedürfnis der Menschen nach Rummelplatzvergnügen spürbar ab. Aufgrund der ausbleibenden Besucher gerieten viele Zoos nach kürzester Zeit an den Rand des Ruins. Hinzu kamen Versorgungsengpässe bei Fleisch und Getreide, so dass zahllose Zootiere an Mangelernährung starben; viele wurden auch geschlachtet und an andere Tiere verfüttert bzw. an Fleischhändler verkauft. Die leerstehenden Gehegehäuser wurden nicht mehr instandgehalten, die Attraktivität der Zoos sank auf den Nullpunkt.

Auch nach dem Krieg übten die mühsam wieder in Gang gesetzten Zoos nur wenig Anziehungskraft aus; ganz abgesehen davon, dass die Hyperinflation in den Anfangsjahren der Weimarer Republik den Menschen kaum die Möglichkeit gab, sich irgendwelche Freizeitvergnügungen leisten zu können. Gleichwohl versuchte man, *gerade* mit den Rummelplatzattraktionen der Vorkriegszeit Besucher zurückzugewinnen: Der Münchner Tierpark Hellabrunn etwa baute Achterbahnen, Krinolinen, Kasperltheater und Schießbuden auf, was das Ende im Juli 1922 aber nicht zu verhindern vermochte: Hellabrunn musste seinen Betrieb (vorläufig) einstellen.

Schimpanse CHARLIE, Zoo Dresden, um 1930

Viele der bis zum Ersten Weltkrieg von Aktiengesellschaften oder privaten Trägervereinen betriebenen Zoos konnten nur dadurch über Wasser gehalten werden, dass sie in kommunale Trägerschaft überführt und aus öffentlichen Mitteln bezuschusst wurden; einige, wie etwa der Zoo Hannover, gingen trotzdem pleite. Auch dem Frankfurter Zoo drohte die Schließung. Obgleich die Stadt, die schon 1915 die Trägerschaft übernommen hatte, erhebliche Steuermittel in den Erhalt des Zoos pumpte und diesen mit allerlei Neuerungen versah, mithin einer eigenen Kinematographenbühne oder kostenfreiem Ausschank von Frischmilch, blieben die Besucherzahlen weit hinter den Erfordernissen für einen einigermaßen wirtschaftlichen Betrieb zurück.

Auch andernorts lief es nicht besser. Gleichwohl ab 1924, vor allem über Handelsbeziehungen der Firma Hagenbeck, wieder exotische Wildtiere aus dem Ausland bezogen wurden, gelang es nur schleppend, wenn überhaupt, die alte Attraktivität wiederherzustellen. In vielen Zoos versuchte man, mit Zirkusshows nach Hagenbeckschem Vorbild Publikum anzulocken: Seelöwen, Tiger, Elefanten und andere Wildtiere mussten andressierte „Kunststücke" zeigen. Vor allem aber setzte man auf Schimpansenkinder, die zum Amusement der Zuschauer mit Tellern, Tassen und einer großen Teekanne hantieren mussten. Oftmals wurden die Affenkinder auch in Leiterwägelchen durch den Zoo gekarrt, nicht selten in rosefarbenen oder himmelblauen Babykostümen. Trotz all solcher Anstrengungen kamen die Zoos indes nicht mehr richtig auf die Beine.

Nazi-Zoos

Erst ab 1933 ging es wieder aufwärts. Großzügig gefördert durch die neuen Machthaber konnten heruntergekommene Anlagen instandgesetzt bzw. durch Neubauten ersetzt werden. In zahlreichen Städten wurden mit finanzieller und propagandistischer Unterstützung der Nationalsozialisten neue Zoos eingerichtet: unter anderem in Heidelberg 1934, Osnabrück 1936, Augsburg 1937 oder Krefeld 1938. Am deutlichsten wird der Stellenwert, den die Nazis der Einrichtung „Zoo" zumaßen, im Blick auf die Umsiedelung des seit 1912 schon bestehenden Nürnberger Tiergartens, der der geplanten Erweiterung des Reichsparteitagsgeländes weichen musste. Bezuschusst mit der damals ungeheueren Summe von 4,3 Millionen Reichsmark wurde der Zoo ab 1937 auf einem vielfach größeren Areal etwas außerhalb der Stadt neu angelegt (zum Vergleich: das Monatseinkommen eines Facharbeiters lag bei durchschnittlich 172 Reichsmark). Die Gehege-, Betriebs- und Verwaltungsbauten wurden ganz im Stil der völkischen „Heimatschutzarchitektur" errichtet, wie die Nazis sie auch für ihre Siedlungsbauten bevorzugten. Nürnbergs NSDAP-Oberbürgermeister Willy Liebel, SA-Mann der ersten Stunde und späterer Mitarbeiter Albert Speers, überwachte die Baumaßnahmen höchstpersönlich. Der Eröffnung am 5. Mai 1939 wohnte jede Menge Nazi-Prominenz bei, die sich von dem neugestalteten Zoo hellauf begeistert zeigte. Auch Hitler, der schon ein paar Tage zuvor einen Privatrundgang unternommen hatte, war voll des Lobes.

Vor allem „Reichsjägermeister" Göring tat sich als besonderer Förderer zoologischer Einrichtungen hervor. Er sorgte etwa dafür, dass der Berliner Zoo 1935 eine reich bemessene Geländeschenkung aus preußischem Staatsbesitz erhielt, die es dem seinerzeitigen Direktor Lutz Heck – seit 1933 schon offizielles „Fördermitglied der SS" – erlaubte, angrenzend an die bestehendenAnlagen einen eigenständigen „Deutschen Zoo" einzurichten. In künstlich geschaffenen Felsgehegen wurden Bären, Wölfe und andere „deutsche" Tiere untergebracht, mithin Füchse, Wildkatzen und Luchse; dazu gab es ein Biber- und Fischotterbecken sowie Volieren für Auer- und Birkhühner. An einigen der Gehege wurden zur Verdeutlichung des Deutschtums der darin gezeigten Tiere eigens kleine Hakenkreuze angebracht. Auch in anderen Zoos wurden „Hegestätten deutscher Tierwelt" eingerichtet.

In der Tat eigneten sich die Tiergärten hervorragend als NS-Propagandainstrumente: Sie dienten als Stätten „darstellender Biologie", in denen zentrale ideologische Themen des NS-Staates wie Vererbungslehre oder

Hitler und Nürnbergs Oberbürgermeister Willy Liebel beim Rundgang durch den Tiergarten, Anfang Mai 1939

Rassenkunde anschaulich gemacht werden konnten. Die Verbreitung und Festigung „biologischen Gedankenguts“ galt als „Kernstück der deutschen Volksbildung“. Hinzu kam, dass die Gehegeabteilungen mit „deutschen“ Tieren zur Stärkung vaterländischer Volksgesinnung beitragen sollten. Mit „exotischen“ Tieren konnte überdies Propaganda für die „Wiedergewinnung“ der ehemaligen deutschen Kolonien gemacht werden, wozu auch eine NSDAP-geförderte „Deutsche Afrika-Schau“ diente, die nach dem Vorbild der Hagenbeckschen „Völkerschauen“ bis 1940 durch die Lande tourte. In vielen Zoos wurde Juden der Zutritt verboten. Praktisch alle Direktoren und Verwaltungsräte deutscher Zoos waren spätestens seit 1937 Mitglieder der NSDAP und/oder gehörten sonstigen Gliederungen des NS-Staates an, viele in hochrangigen Funktionen.

Nach dem Krieg blieb die Mehrzahl der NS-belasteten Zoodirektoren unbeanstandet im Amt. Bei manchen wurde eine kurze Schamfrist eingelegt, dann wurden sie erneut in ihre alten Positionen berufen. Eine wirkliche Aufarbeitung der Verstrickung der deutschen Zoos in den Nationalsozialismus wurde bis heute nicht vorgenommen. In den Verlautbarungen heutiger Zoos und Zooverbände wird die Geschichte zwischen 1933 und 1945 entweder komplett verschwiegen oder aber kaschiert und beschönigt. Die NSDAP-Mitgliedschaften der seinerzeitigen Direktoren, Verwaltungsräte und Geldgeber bleiben bis auf wenige Ausnahmen unerwähnt. (Allenfalls der Zoo Berlin hat – allerdings erst nach massivem öffentlichem Druck und ausgesprochen widerwillig – begonnen, sich mit seiner NS-Vergangenheit zu befassen und hat 2016, also mehr als 70 Jahre nach Kriegsende, eine kleine Dauerausstellung dazu eingerichtet; auch eine bis heute auf dem Zoogelände aufgestellte Ehrenbüste für Lutz Heck wurde mit einer entsprechenden Hinweistafel versehen.) Nach einigen der Nazi-Zoodirektoren und -Zooförderer sind bis heute Straßen und Schulen benannt.

Nachkriegszoos

Im Zuge der flächendeckenden Bombardements deutscher Großstädte ab Frühjahr 1942 wurden viele der Zoos schwer beschädigt, einige davon – Frankfurt, Münster, Dresden – wurden praktisch dem Erdboden gleichgemacht. Da auf Anweisung Görings der Zoobetrieb bis zuletzt hatte aufrechterhalten werden müssen, waren nur wenige Tiere ausgelagert worden: Zigtausende kamen bei den Bombenangriffen zu Tode.

Nach dem Krieg zählte die Wiederherstellung zerstörter Zoos vielerorts zu den ersten in Angriff genommenen Aufbaumaßnahmen – zur Symbolfigur stieg insofern der Frankfurter Zoodirektor (und vormalige NS-Regierungsrat) Bernhard Grzimek auf –, manch einer der Zoos wurde noch im Jahr 1945 wiedereröffnet. Die verlorengegangenen Tierbestände wurden über Ankäufe bei der Aalener Tierhandelsfirma *Ruhe* ausgeglichen, die seit den 1920ern ein Zwischenlager in Südfrankreich unterhielt und insofern kurz nach Kriegsende schon Ersatztiere zu liefern vermochte.

Trotz der schlechten Wirtschaftslage in den Nachkriegsjahren und keineswegs abgeschlossenen Wiederaufbaus der zerstörten Infrastruktur wurden in mehreren Städten, die bis dahin keine eigenen Zoos vorgehalten hatten – Magdeburg 1950, Göppingen 1952, Stuttgart 1952 Dortmund 1953, Wiesbaden 1955 usw. –, solche eingerichtet. Auch kleinere Kommunen sahen sich bemüßigt, eigene Zoos anzulegen: Ab Mitte der 1950er wurden quer durch Deutschland hunderte kleinerer Zoos, Wild- und Vogelparks begründet, die, betrieben entweder von den Kommunen selbst oder von öffentlich subventionierten Trägervereinen bzw. Privatunternehmern, zu großen Teilen bis heute bestehen. Allein auf dem Gebiet der DDR wurden zwischen 1952 und 1988 fünfundsiebzig Zoos und fast nocheinmal so viele

„Heimattiergärten" begründet, die jeweils großzügige staatliche Förderung erfuhren. (Seit Ende der 1980er gab es mit Ausnahme des Aquazoos Düsseldorf, der sogenannten *Sea Life Center* und der [geplanten] *Shark City* in Pfungstadt im deutschsprachigen Raum keine Zooneugründungen mehr.)

Schimpanse PETERMANN wurde in den 1950ern vom Kölner Zoo für Karnevalssitzungen verliehen. 1985 wurde er bei einem Ausbruchversuch erschossen.

Die Nachkriegszoos blieben bis herauf in die 1970er reine Freizeit- und Vergnügungsparks, in denen die vorgehaltenen Tiere in erster Linie der Unterhaltung des zahlenden Publikums dienten. Bildungsansprüche spielten, wenn überhaupt, nur eine randständige Rolle: Kinder durften auf Eseln reiten oder auf Ponys, auf Kamelen, Straußen oder Riesenschildkröten, ohne auch nur das Geringste über die jeweiligen Tiere zu erfahren. Elefanten, Eisbären, Löwen, Seehunde und andere „dressurgeeignete" Tiere, Menschenaffen vor allem, mussten wie gehabt irgendwelche „Kunststücke" vorführen, die nichts mit ihren natürlichen Verhaltensweisen zu tun hatten und die den Besuchern nichts über ihr Wesen mitteilten.

Auch wenn zahlreiche Zoos mangels Rentabilität geschlossen wurden – einigen wurde katastrophaler Haltungsbedingungen wegen auch die Betriebserlaubnis entzogen –, nimmt Deutschland mit mehr als 870 Zoos und zooähnlichen Einrichtungen im weltweiten Vergleich eine absolute Spitzenposition ein (in Österreich und in der Schweiz gibt es je 85 entsprechende Einrichtungen, weltweit sind es etwa 15.000). Auch in den Tierbeständen nehmen deutsche Zoos Spitzenplätze ein: der Zoo Berlin etwa rühmt sich, mit rund 20.000 Tieren aus 1500 Arten der tierbestand- und artenreichste Zoo der Welt zu sein. (Der Durchschnitt deutscher Zoos liegt bei knapp 2500 Tieren in 250 Arten.)

Als gesondertes Problemfeld galten und gelten die sogenannten Delfinarien, die, angeschlossen entweder an bereits bestehende Zoos (z. B. Hamburg, Münster, Neunkirchen) oder an Freizeitparks (z. B. Heidepark Soltau oder Phantasialand Brühl), ab Anfang der 1970er quer durch die Republik eingerichtet wurden. Heute existieren von ehedem zehn in Deutschland betriebenen Delfinarien nur noch zwei (Zoo Duisburg und Tiergarten Nürnberg), die anderen wurden, nicht zuletzt aufgrund des anhaltenden Protestes engagierter Tierrechtsorganistationen, dauerhaft geschlossen. Auch in den verbleibenden zwei Delfinarien sind die Haltungsbedingungen für die hochsensiblen Tiere trotz einiger Um- und Neubaumaßnahmen nach wie vor als katastrophal zu werten. Die Gefangenhaltung in den viel zu kleinen und völlig kahlen Betonbecken, in denen nichts an die Beschaffenheit mariner Lebensräume erinnert, macht die Tiere körperlich wie psychisch krank (wobei von den widernatürlichen Dressurshows, die sie mehrfach täglich zu absolvieren haben, noch gar nicht die Rede ist). Sie müssen, um überhaupt am Leben zu bleiben, fortlaufend medikamentös – auch und insbesondere mit Psychopharmaka – behandelt werden. Gleichwohl verstarben alleine in den bis heute betriebenen Anlagen Duisburg und Nürnberg seit ihrer Eröffnung mehr als 100 Tiere in jungen Lebensjahren, die Todesquote nur bei den Nachzuchten liegt bei über 70 Prozent. Im Tiergarten Nürnberg etwa haben von 19 „Nachzuchten" bis dato lediglich zwei Delfinjunge überlebt.

Nicht unerwähnt bleiben darf an dieser Stelle die sogenannte „Delfintherapie", ein erwiesenermaßen untaugliches Pseudoheilverfahren, bei dem geistig behinderte oder entwicklungsverzögerte Kinder in vermeintlich therapiefördernden Kontakt mit Delfinen gebracht werden. Bislang nur in wenigen und ausgesprochen kostenintensiven „Therapiezentren" außerhalb Deutschlands angeboten, u. a. in der Türkei, in Dubai oder auf der Karibikinsel Curacao, sollte es „Delfintherapie" künftig auch im Nürnberger Tiergarten geben, und zwar in der 2011 eröffneten sogenannten „Delfinlagune", einer Erweiterung des bereits seit 1971 bestehenden Delfinariums. Glücklicherweise wurde die „Delfintherapie" in Nürnberg nie aufgenommen, obgleich nicht zuletzt mit dem Argument, Kindern diese „Therapieform" im örtlichen Zoo preisgünstig zugängig machen zu können, die enormen Baukosten der „Lagune" in Höhe von letztlich 31 Millionen Euro gerechtfertigt und durch die zuständigen Gremien gewunken worden waren. (Gravierender Baumängel wegen hat sich die Betonlagune

Dressurshow in der neuen Betonlagune des Tiergartens Nürnberg, 2015

mittlerweile als Millionengrab herausgestellt; in großen Mengen austretendes Salzwasser hat zudem ein angrenzendes Naturschutzgebiet schwer geschädigt.)

Washingtoner Artenschutzübereinkommen

Während Zoos sich seit ihren Gründertagen in einem von Kritik weitgehend unangetasteten Freiraum bewegen konnten, gerieten sie Mitte der 1970er unter massiven Rechtfertigungsdruck: Mit Verabschiedung des *Washingtoner Übereinkommens über den internationalen Handel mit gefährdeten Arten freilebenderTiere und Pflanzen* im Jahre 1973, in Kraft getreten zwei Jahre später, gerieten die Zoos in eine bis heute fortdauernde existentielle Krise: Das Übereinkommen, das den bis dahin völlig unkontrollierten Bezug von Tieren aus freier Wildbahn und den Handel mit ihnen erheblich einschränkte, bedeutete zum einen, dass der für die Zoos unabdingbare Nachschub an Wildtieren ins Stocken bzw. mit Blick auf Tiere bedrohter Arten nachgerade schlagartig zum Erliegen kam – Tierhandelsfirmen wie *Hagenbeck*, die Zoos auf der ganzen Welt beliefert hatten, mussten ihre Geschäfte einstellen –, und zum anderen, dass die Einrichtung Zoo, erstmalig in ihrer fast 150-jährigen Geschichte, mit massiver Kritik konfrontiert wurde. Hintergrund des als *CITES (=Convention on International Trade in Endangered Species of Wild Fauna and Flora)* bekanntgewordenen Übereinkommens, dem bis heute 183 Staaten beigetreten sind, war die Erkenntnis, dass eine der Hauptursachen für das Aussterben bestimmter Tierarten der Handel mit wildgefangenen Tieren ebendieser Arten war. Zum erstenmal trat der bislang völlig übersehene Anteil von Zoos an der Gefährdung von Wildtierbeständen ins öffentliche Gewahrsein: Für jedes in einem Zoo ausgestellte Tier waren zahllose Tiere der gleichen Art beim Fang oder während des Transports zu Tode gekommen; zudem war die Überlebensspanne der letztlich in den Zoos angekommenen Tiere extrem niedrig, so dass ständiger Bedarf an Nachschub bestand. Myriadenheere an Wildtieren waren insofern seit Mitte des 19. Jahrhunderts für europäische und amerikanische Zoos „der freien Wildbahn entnommen" worden. Erstmalig gerieten die Zoos insofern ins Visier der Tierrechtsbewegung, die sich, bestehend seit den ausgehenden 1960ern, bislang in erster Linie mit Massentierhaltung, Tierversuchen, Zirkus, Jagd etc. befasst hatte.

Eine erste unabhängige Untersuchung, vorgelegt 1974 von dem italienischen TV-Journalisten Emilio Sanna, verursachte größte Aufregung unter den Zoobetreibern. Unter dem Titel *Lo zoo folle* (ital.=Der verrücktmachende Zoo) hatte Sanna, zusammen mit dem Regisseur Riccardo Fellini, einen Dokumentarfilm gedreht, der in drastischen Bildern die katastrophalen Verhältnisse in den italienischen Zoos zeigte. In einer pointierten Streitschrift gleichen Titels, die er 1977 nachschob, formulierte Sanna zudem eine grundsätzliche Kritik an der „Institution Zoo". Detailliert beschreibt er die grausame und verlustreiche Praxis der Gefangennahme freilebender Wildtiere und ihres Transportes in irgendwelche europäischen oder US-amerikanischen Zoos und schildert die verheerenden Auswirkungen, die die Gefangenhaltung der Tiere auf ihr körperliches und psychisches Befinden haben.

„Der Zoo ist ein Totalangriff auf die Natur des Tieres": Emilio Sanna, 1977 (deutsche Übersetzung von 1992)

Es bildete sich in Italien durch den wiederholt auf RAI ausgestrahlten Film und das Buch Sannas eine unerwartet breite Front an Zoogegnern, die argumentative Unterstützung fand in dem 1975 erschienenen Grundlagenbuch *Animal Liberation* von Peter Singer. Mitgetragen von den wichtigsten (linksliberalen) Medien des Landes erhoben zahlreiche Intellektuelle und Kulturschaffende ihre Stimme gegen die „Kulturschande Zoo", darunter Franco Zefirelli, Claudia Cardinale, Sophia Loren oder Adriano Celentano. Selbst alteingesessene Zoos wie die von Turin oder Mailand gerieten derart unter medialen Beschuss, dass sie sich gezwungen sahen, ihren Betrieb einzustellen; auch viele kleinere Provinzzoos mussten schließen.

Trotz aller Erfolge der italienischen Anti-Zoo-Bewegung sprang der Funke nicht auf die anderen europäischen Ländern über. Nur in England, dem Mutterland des Bürgerzoos, wurde das Thema aufgegriffen: 1984 begründeten die Tierrechtsaktivisten Virginia McKenna und Bill Travers die Initiative *Zoo Check* (umbenannt später in *Born Free Foundation*), die Missstände in britischen Zoos aufdeckte. Vor dem Hintergrund ihrer 1988 veröffentlichten Studie *Beyond the Bars* gingen die Besucherzahlen deutlich zurück, mehrere Einrichtungen mussten geschlossen werden. Auch auf die Zoos in Übersee wirkte sich die Debatte aus, in den USA und in Kanada ging eine Reihe an Zoos pleite.

Letztlich war es die 1993 unter dem Titel *Gefangen im Zoo* auf deutsch erschienene Studie von McKenna und Travers, über die Zookritik auch im deutschsprachigen Raum ankam. Vor allem der Umstand, dass der deutschsprachigen Ausgabe eine Reihe erschütternder Bilder aus dem Alltag *deutscher* Zoos vorangestellt war – wodurch die Studie nicht als „nur auf britische Verhältnisse bezogen“ abgetan werden konnte –, machte den Verantwortlichen enorm zu schaffen. Verschärft wurde die Nervosität in den deutschen Zoos durch das im gleichen Jahr erschienene Manifest des *Great Ape Project,* das, unterzeichnet von Philosophen und Wissenschaftlern aus aller Welt, zwar an der prekären Situation Großer Menschenaffen festgemacht war, darüberhinaus aber die Haltung von Wildtieren in Zoos grundsätzlich in Frage stellte.

1996 veröffentlichte der Tierschützer Stefan Austermühle eine Studie, die unter dem Titel *„...und hinter tausend Stäben keine Welt!“* die Institution Zoo in sämtliche Einzelteile zerlegte. (Der etwas sperrige Titel bezog sich auf das berühmte Gedicht *Der Panther* von Rainer Maria Rilke aus dem Jahre 1906, eines der wenigen Beispiele früher Zookritik). Zeitgleich mit dem Erscheinen des Austermühle-Buches gab es erste konzertierte Protestaktionen vor und in Zoos. Und selbst das bürgerliche Feuilleton befasste sich mit der Frage, ob Zoos in der heutigen Zeit überhaupt noch eine Legitimation hätten.

Vor dem Hintergrund der anhaltenden Kritik und insofern drohender bzw. sich bereits abzeichnender Besucherrückgänge nahm die Nervosität in den deutschen Zoos nachgerade panische Züge an. Die für Tiergärten desaströse Entwicklung in Italien und England vor Augen suchte man mit hektisch in Angriff genommenen Um- und Neubaumaßnahmen die eklatantesten Missstände zu beseitigen bzw. zu übertünchen. Wie schon bei früheren Instandhaltungs- und Umbaumaßnahmen spielten die Interessen der Tiere dabei nur eine nachrangige Rolle, das Augenmerk lag – und liegt bis heute – auf den *Interessen der Besucher*, sprich: auf der Vermarktbarkeit des Produktes Zoo, die an diesen ausgerichtet sein muss. Nicht die Haltungsbedingungen wurden verändert, sondern das Erscheinungsbild des jeweiligen Zoos. Orientiert an den Konsum-, Freizeit- und Unterhaltungswünschen der „breiten Masse“ wurden und werden die Zoos entsprechend umgerüstet, vielerorts entstanden künstliche „Erlebniswelten“, die eher an Disneyland erinnern als an einen Zoo.

Parallel zur Umgestaltung der Zoos wurde eine kollektive Abwehrstrategie gegen Kritik von außen entwickelt. Unter Rückgriff auf einen 1973 – im Jahr der Verabschiedung des *Washingtoner Artenschutzübereinkommens* – von dem schweizerischen Zoodirektor Heini Hediger formulierten Aufgabenkatalog des modernen Zoos verständigte man sich darauf, Zoos hinfort als auf vier Säulen stehend zu präsentieren: 1. Bildung, 2. Forschung, 3. Artenschutz, 4. Erholung. Zur Verankerung der neukonstruierten Selbstlegitimation in den Köpfen der Menschen wurde eine gigantische Propagandaoffensive gestartet, die bis heute fortdauert und wesentlich dazu beigetragen hat, dass die Existenz von Zoos in weiten Teilen der Bevölkerung immer noch als „normal", „richtig" und sogar „notwendig" angesehen wird. Teil dieser Offensive war die Gründung sogenannter Zooförervereine mit der Aufgabe, Lobbyarbeit für die Zoos zu betreiben und sie in ihrer Außendarstellung zu unterstützen. Heute kann fast jeder Zoo auf einen eigenen Förderverein zurückgreifen, über den Sponsoren- und Spendengelder eingeworben und öffentlichkeitswirksame Aktionen durchgeführt werden; nicht selten firmieren die Fördervereine zugleich auch als Träger des jeweils zu fördernden Zoos.

Vielfach sind politisch, wirtschaftlich und kulturell höchst einflussreiche Personen und Institutionen (Banken, Sparkassen, Versicherungen etc.) in den jeweiligen Zoofördervereinen vertreten, mit deren Hilfe die Zoos selbst überzogene Prestigeprojekte umzusetzen in der Lage sind. Kaum ein Zooförderverein, der nicht auch Politprominenz in seinen Reihen führte. Vor allem in der Kommunal- und Landespolitik gibt es kaum einen Mandatsträger, der sich nicht danach drängte, eine Tierpatenschaft zu übernehmen und so mit dem örtlichen Zoo assoziiert zu werden.

Zoo-TV

Insbesondere aber wurde die Medienarbeit der Zoos professionalisiert. Die meisten der größeren Zoos verfügen inzwischen über eigene Pressereferenten, die die Medien mit entsprechenden Informationen und Statements versorgen. Vielfach zählen lokale Zeitungen zu den offiziellen Sponsoren der jeweiligen Zoos, für die sie regelmäßig die Werbetrommel rühren. Kritik findet sich nur in seltenen Ausnahmefällen, selbst eklatanteste Missstände werden, wenn überhaupt, nur in dezenter und wohlwollender Form angesprochen. Die Zoos werden eins-zu-eins so dargestellt, wie sie sich dargestellt sehen wollen.

Hand in Hand mit der Dauerpropaganda in den lokalen und regionalen Printmedien geht die gezielte PR-Arbeit der Zoos über Rundfunk und Fernsehen. Schon ab Mitte der 1950er hatte es mit den Fernsehserien *Tierparkteletreff* und *Tierpark-Klubgespräche* eigene DDR-Produktionen gegeben, die maßgebend von dem langjährigen Direktor des Ostberliner Tierparks, Heinrich Dathe, gestaltet wurden. Im Westen wurde ab 1956 die von Bernhard Grzimek moderierte Fernsehreihe *Ein Platz für Tiere* ausgestrahlt, die es bis 1987 auf insgesamt 175 Folgen brachte. Grzimek, Nachkriegsdirektor des Frankfurter Zoos, trug, ebenso wie Dathe in der DDR, mit seinen Fernsehauftritten zu einem enormen Popularitätsschub der Zoos bei.

Zu den wichtigsten Werbeträgern für die Zoos des wiedervereinten Deutschland zählt die ab 1993 vom MDR produzierte Dokusoapserie *Abenteuer Zoo*, deren rund achtzig Folgen in steter Regelmäßigkeit wiederholt werden. Des großen Publikumserfolges der MDR-Reihe wegen produzierten die ARD-Landesrundfunkanstalten ab 2003 je eigene Dokusoapserien, die mit Titeln wie *Eisbär, Affe & Co* (SWR), *Giraffe, Erdmännchen & Co* (HR) oder *Panda, Gorilla & Co* (RBB) aufwarten. Die in den führenden Zoos des jeweiligen Bundeslandes gedrehten Reihen weisen inzwischen mehr als 2000 Einzelfolgen auf, zuzüglich rund 400 für das ZDF produzierter Episoden. Die meisten dieser Reihen bieten zusätzlich Bildergalerien, Foren, Videotheken, Livestreams oder Webvideos im Internet, selbstredend auch Auftritte bei *Facebook, Twitter* etc. Auch andere Sendeformate, wie etwa die ab 2001 für den WDR produzierte Reihe *Ein Doc für alle Felle* oder die ab 2003 vom NDR vorgestellte Reihe *Tiergarten* machen unverblümte Werbung für die Institution Zoo. Ganz ähnliche Formate gibt es auch auf den Sendern des Privatfernsehens. Derlei massierter Einsatz der Medien liegt, in dialektisch aufeinander bezogener Vorteilssuche, darin begründet, den seit Jahren sinkenden Besucherzahlen der Zoos und damit dem Niedergang eines medialen Nutzungsobjektes entgegenzuwirken, von dem man selbst profitiert: Mit Tiergeschichten lässt sich immer Auflage bzw. Quote machen.

Gegen die propagandistische Dauerpräsenz der Zoos in den Medien vermochte die Tierrechtsbewegung bislang nur wenig auszurichten, zumal Zookritik bis vor wenigen Jahren nicht eben an vorderster Stelle ihrer Agenda stand. Mittlerweile aber ist die Auseinandersetzung mit Zoos und ihren medialen Werbeträgern integraler Bestandteil tierrechtlicher Arbeit. (Als Erfolg zu verbuchen ist insofern der Umstand, dass die ARD im Mai 2017 mitteilte, die hauseigenen Zoo-Dokusoaps aufgrund massiv rückläufigen Zuschauerinteresses im Laufe des Jahres ersatzlos einzustellen; auch Wiederholungen wird es nicht mehr geben.)

Aus Biologie, Zoologie oder sonstigen Naturwissenschaften ist nur selten Kritisches zum Thema „Zoo" zu vernehmen. Einwände kommen allenfalls aus geisteswissenschaftlicher Ecke, von Philosophen wie Dale Jamieson etwa, der schon Mitte der 1980er der Einrichtung Zoo aus ethischen Erwägungen jede Existenzberechtigung absprach. Auch in einer 1998 erschienenen Studie von Randy Malamud bzw. einer zehn Jahre später vorgelegten Arbeit von Nigel Rothfels findet sich fundamentale Zookritik; desgleichen in dem 2010 von Ralph Acampora herausgegebenen Essayband *Metamorphoses of the Zoo*. (Das Ende der 1990er erschienene Buch *Noahs Erbe* von Richard David Precht – 2016 neuaufgelegt unter dem Titel *Tiere denken* – blieb im Vergleich dazu eher substanzlos.)

Auch die seit 2005 im deutschsprachigen Raum um sich greifenden *Human-Animal-Studies* – ein relativ junges interdisziplinäres Forschungsfeld, das sich mit den vielfältigen und komplexen Beziehungen zwischen Menschen und Tieren befasst – richten ihr Augenmerk zunehmend auf die Gewalt- und Ausbeutungsverhältnisse, wie sie sich gerade in der Einrichtung „Zoo" zeigen. Die Wissenschaftsmagazine *TIERethik* und *Tierstudien* befassten sich 2014/15 schwerpunktmäßig mit dem Thema. Und selbst aus Natur- und Artenschutzkreisen wird Kritik an Zoos laut: Führende Publikumsmedien wie *GEO, greenpeace* oder *National Geographic* beurteilen Zoos in ihrer bestehenden Form als längst nicht mehr zeitgemäß.

2. Rechtsgrundlagen

Zoos sind Orte pornographischer Gewalt: Gaffer auf der einen Seite, unfreiwillig Begaffte auf der anderen.

Derrick Jensen, 2007

Die Haltung von Wildtieren ist in Deutschland nicht spezifisch rechtsgeregelt. Als abstrakt-rechtliche Grundlage gelten Bestimmungen aus dem Tierschutzgesetz (TierSchG, 1972) sowie dem Bundesnaturschutzgesetz (BNatSchG, 1977) in ihren jeweils aktuellen Fassungen (und hinsichtlich des Naturschutzgesetzes in ihrer je länderspezifischen Umsetzung), die den Haltern von Wildtieren – bzw. den staatlichen Kontrollorganen – weitläufigen Ermessensspielraum eröffnen.

Tierschutzgesetz

§ 1 des Tierschutzgesetzes (TierSchG) sieht grundlegend vor, es dürfe „niemand (...) einem Tier ohne vernünftigen Grund Schmerzen, Leiden oder Schaden zufügen". Weiterführend heißt es in § 2 TierSchG, dass derjenige, der ein Tier hält, betreut oder zu betreuen hat, 1. das Tier seiner Art und seinen Bedürfnissen entsprechend angemessen ernähren, pflegen und verhaltensgerecht unterbringen muss, 2. die Möglichkeit des Tieres zu artgemäßer Bewegung nicht so einschränken darf, dass ihm Schmerzen oder vermeidbare Leiden oder Schäden zugefügt werden, und 3. über die für eine angemessene Ernährung, Pflege und verhaltensgerechte Unterbringung des Tieres erforderlichen Kenntnisse und Fähigkeiten verfügen muss. § 11 TierSchG stellt das gewerbsmäßige Zurschaustellen von Tieren – in Zoos, Zirkussen etc. – unter Erlaubnisvorbehalt. Eine entsprechende Erlaubnis darf nur erteilt werden, wenn 1. die für die Tätigkeit verantwortliche Person aufgrund ihrer Ausbildung oder ihres bisherigen beruflichen oder sonstigen Umgangs mit Tieren die für diese Tätigkeit erforderlichen fachlichen Kenntnisse und Fähigkeiten hat, 2. die erforderliche Zuverlässigkeit dafür hat und 3. die der Tätigkeit dienenden Räume und Einrichtungen eine den Anforderungen aus § 2 TierSchG entsprechende Ernährung, Pflege und Unterbringung der Tiere ermöglichen.

§ 42 des Bundesnaturschutzgesetzes (BNatSchG) bezieht sich ausdrücklich auf Zoos, auf dauerhafte Einrichtungen also, in denen lebende Tiere wild lebender Arten zwecks Zurschaustellung während eines Zeitraumes von mindestens sieben Tagen im Jahr gehalten werden. Diese Einrichtungen sind so zu errichten und zu betreiben, dass 1. bei der Haltung der Tiere den biologischen und den Erhaltungsbedürfnissen der jeweiligen Art Rechnung getragen wird und insbesondere die jeweiligen Gehege hinsichtlich Lage, Größe, Strukturierung und innerer Einrichtung art- und tiergerecht ausgestaltet sind; dass 2. die Pflege der Tiere auf der Grundlage eines dem Stand guter veterinärmedizinischer Praxis entsprechenden schriftlichen Programms zur tiermedizinischen Vorbeugung und Behandlung sowie zur Ernährung erfolgt; dass 3. dem Eindringen von Schadorganismen sowie dem Entweichen der Tiere vorgebeugt wird; und dass 4. die Vorschriften des Tier- und Artenschutzes beachtet werden (die nach § 39 BNatSchG mithin das Verbot umfassen, „wildlebende Tiere mutwillig zu beunruhigen oder ohne vernünftigen Grund zu fangen, zu verletzen oder zu töten“).

Selbstredend ist ein Tierbestandsregister zu führen und jederzeit auf neuestem Stand zu halten. Desweiteren sind die Zoos verpflichtet, einen Beitrag zu leisten zu arterhaltungsspezifischer Forschung und Lehre, ebenso zu Bestandserneuerung und Wiederansiedlung von Arten in ihren natürlichen Lebensräumen. Auch sind sie verpflichtet, das Bewusstsein der Öffentlichkeit hinsichtlich des Erhaltes biologischer Vielfalt zu fördern, insbesondere durch Informationen über die zur Schau gestellten Arten und ihre natürlichen Biotope. Die aktuellen Vorschriften des Bundesnaturschutzgesetzes (bzw. der jeweiligen Ländergesetze) entsprechen der im März 1999 erlassenen „EU-Richtlinie über die Haltung von Wildtieren in Zoos“ (1999/22/EC), die in ebendiese integriert wurde. Seit 2002 sind alle Zoos in Deutschland verpflichtet, zum Erhalt einer Betriebsgenehmigung den in nationales Recht umgesetzten Anforderungen der EU-Richtlinie zu genügen. Diese Anforderungen sind indes so ungegenständlich formuliert, dass sie den zuständigen Genehmigungs- und Kontrollbehörden größten Ermessensspielraum belassen bzw. von Zoobetreibern auch gezielt unterlaufen werden können. Bezeichnenderweise gilt als übergeordnetes Ziel der EU-Richtlinie, formuliert in Artikel 1, der „Schutz wildlebender Tiere und die Erhaltung der biologischen Vielfalt dadurch, dass die Mitgliedstaaten Vorschriften für die Betriebserlaubnis und Überwachung von Zoos in der Gemeinschaft erlassen, um auf diese Weise die Rolle der Zoos bei der Erhaltung der biologischen Vielfalt zu stärken“. In der Tat, wie eine seit

2011 fortlaufende Studie der britischen *Born Free Foundation* belegt, die 200 Zoos in 21 EU-Mitgliedsstaaten untersucht hat, werden die nationalen und internationalen Vorschriften in der Mehrzahl der Einrichtungen nicht erfüllt; die Regierungen und zuständigen Behörden der einzelnen Länder sorgen nicht ausreichend dafür, dass die EU-Richtlinie konsequent umgesetzt bzw. ihre Umsetzung kontrolliert wird. Der im Juni 2013 veröffentlichte Länderreport für Deutschland brachte insofern eklatante Mängel ans Licht. Auch eine offizielle Auswertung des Impacts der EU-Richtlinie im Mai 2017, sprich: 15 Jahre nach ihrer Implementierung, kam zu dem Schluss, dass „gemäß der vorliegenden Daten der Beitrag der Zoos zum Erhalt der Biodiversität durch Forschung, Bildung, Nachzucht und Wiederauswilderung insgesamt beschränkt bleibt".

Für die Haltung von Wildtieren in Privathand gibt es über die tierschutzrechtlichen Bestimmungen hinaus keine bundesweit rechtsverbindlichen Regularien. Jedes Bundesland hat insofern andere Richtlinien und Gesetze, manches Bundesland auch gar keine: in weiten Teilen Deutschlands dürfen bespielsweise Krokodile oder Großkatzen völlig legal und ohne weitere Auflagen privat gehalten werden. Auch für Kauf, Verkauf oder sonstige Veräußerung von Tieren gibt es, sofern keine Bestimmungen des *Washingtoner Artenschutzübereinkommens* (CITES) von 1973 verletzt werden, das den Handel mit bestimmten Tierarten unter Kontrolle stellt, keine spezifischen Rechtsvorgaben. Trotz der 1990 vorgenommenen Einfügung des sogenannten „Gesetzes zur Verbesserung der Rechtsstellung des Tieres im bürgerlichen Recht" (TierVerbG) in das Bürgerliche Gesetzbuch (§ 90a BGB), das besagt, dass Tiere „keine Sachen" mehr sind, die sie bis dahin rechtlich waren, sind auf sie weiterhin „die für Sachen geltenden Vorschriften entsprechend anzuwenden". Nach wie vor kann man ein Tier genauso kaufen, verkaufen oder in sonstiger Form veräußern wie ein Fahrrad oder ein Auto. *De facto* werden Tiere vom BGB weiterhin als Sachen behandelt, woran auch die Aufnahme von Tierschutz als Staatsziel in das Grundgesetz vom 17. Mai 2002 (Art. 20a GG) nicht wirklich etwas geändert hat.

Selbst das Tierschutzgesetz sieht Tiere grundsätzlich als Sachen an: die Vorgabe, es dürfe „niemand einem Tier ohne vernünftigen Grund Schmerzen, Leiden oder Schaden zufügen", orientiert sich nicht am Wohlergehen des Tieres, sondern ausschließlich an den Interessen des jeweiligen Halters, Besitzers, Jägers, Anglers etc.: ökonomische Interessen etwa, die *per definitionem* als „vernünftig" gelten, erlauben prinzipiell jederart Schmerz-, Leid- oder Schadenszufügung, einschließlich der Tötung. Lediglich ökonomisch „unerforderliche" und damit als „unvernünftig" geltende Leidzufügung ist verboten. Dem Tier kommt insofern nur der Rechtsschutz einer Ware zu (und das auch nur dem Wirbeltier, wirbellose Tiere dürfen jederzeit und völlig grundlos gequält und getötet werden). Das gleiche gilt für wissenschaftliche, sportive oder sonstige Hobby- und Freizeitinteressen, die über gesellschaftlichen Konsens als „vernünftig" definiert werden und Tiernutzung selbst dann erlauben, wenn dem Tier Schmerz, Leid oder Schaden zugefügt wird.

Säugetiergutachten

Spezifische Vorgaben für die Haltung von Säugetieren wildlebender Arten in Zoos, Tiergehegen, Tierhandlungen, Zirkusbetrieben und privaten Haushalten existieren nur in Form eines rechtsunverbindlichen „Gutachtens über Mindestanforderungen an die Haltung von Säugetieren", das das zuständige *Bundesministerium für Verbraucherschutz, Ernährung und Landwirtschaft (BMELV)* in Konkretisierung von § 2 TierSchG im Jahre 1996 herausgegeben und 2014 novelliert hat. (Vorläufer war ein Richtlinienpapier aus dem Jahr 1977 gewesen, das sich Zoo-Funktionäre quasi selbst erstellt hatten.) Seiner Rechtsunverbindlichkeit wegen gilt das Gutachten sowohl den Kontrollbehörden als auch den Zoos bzw. sonstigen Tierhaltern allenfalls als Orientierungshilfe. (In Österreich und in der Schweiz haben entsprechende Verordnungen Rechtsverbindlichkeit, die Maßgaben in Österreich berücksichtigen zudem sehr viel mehr die Bedürfnisse der Tiere.)

Das überarbeitete Gutachten von 2014, das wie schon die Vorläuferpapiere wesentlich die Handschrift des *Verbandes der Zoologischen Gärten* (VdZ) trägt, brachte in der Zusammenschau nur unwesentliche Besserung. Dem Gremium, das das Gutachten erarbeitete, gehörten neben einem Vertreter des Ministeriums sowie fünf externen Sachverständigen drei leitende Funktionäre des *VdZ* sowie drei Vertreter ausgewählter Tier- und Naturschutzorganisationen an. (Gleichwohl dem VdZ – formal ein simpler e.V. – nur 56 der mehr als 870 Zoos und zooähnlichen Einrichtungen in Deutschland angehören, geriert er sich als Repräsentant des gesamten hiesigen Zoowesens.)

Die marginalen Verbesserungen (vor allem mit Blick auf Größe und Ausstattung der Gehege) wurden gegen den erbitterten Widerstand der Zoo- bzw. VdZ-Funktionäre erkämpft, die im Zuge der fünfjährigen Verhandlungen massiven Druck auf die Sachverständigen und auf das Ministerium ausgeübt hatten, um eine Anpassung der Mindestvorgaben an die

Nashorn in vollverkacheltem Betonbunker. Zoo Frankfurt am Main, 2017

Bedürfnisse der Tiere an jenen Stellen zu verhindern, die für ihre Mitgliedszoos mit Kosten für Um- oder Neubauten verbunden gewesen wären. (Bezeichnenderweise wurde eine der „unabhängigen Sachverständigen“ unmittelbar nach Verabschiedung des Gutachtens auf den hochdotierten Direktorensessel eines dem *VdZ* angeschlossenen Großzoos berufen.) Ein Differenzprotokoll der Vertreter der Tier- und Naturschutzorganisationen hielt fest, dass wesentliche Empfehlungen der Tierschutzsachverständigen, gleichwohl wissenschaftlich fundiert, keinen Eingang in das Gutachten gefunden hätten. Die Einschränkungen hinsichtlich Bewegungsbedürfnis, Nahrungssuch-, Beutegreif- oder Sozialverhalten seien bei einigen Arten – mithin Eisbären, Delfine, Elefanten oder Menschenaffen – selbst bei optimalen Haltungsumständen so erheblich, zumal auch kognitive Bedürfnisse keine ausreichende Berücksichtigung fänden, dass eine verhaltensgerechte Unterbringung gemäß § 2 TierSchG in Zoos oder zooähnlichen Einrichtungen schlechterdings nicht möglich sei. Auch die fast durchgängig viel zu klein bemessenen Vorgaben für Innengehege, in denen Tiere gerade dämmerungsaktiver und nicht winterharter Arten den größten Teil ihres Lebens zuzubringen genötigt sind, werden kritisiert. Tatsächlich müssten sich die Haltungsanforderungen daran orientieren, wie ein Tier sich unter seinen natürlichen Lebensbedingungen verhalte und nicht, wie es sich unter Aufgabe vieler der in Freiheit arteigenen Gewohnheiten und Verhaltensmuster auch anderen Lebensbedingungen anpassen könne. Verhaltensgerecht sei eine Unterbringung auch dann nicht, wenn ein Tier zwar unter den ihm aufgezwungenen Bedingungen überleben könne und auch keine Leiden, Schmerzen oder Schäden davontrage, es aber seine angeborenen Verhaltensmuster soweit ändern und an die jeweiligen Haltungsbedingungen anpassen müsse, dass es mit seinen wildlebenden Artgenossen nicht mehr viel gemein habe.

Auch die *VdZ*-Funktionäre legten ein Differenzprotokoll vor, in dem sie, ungeachtet des Umstandes, dass im Vergleich zum Gutachten von 1996 nur geringfügige und weiterhin nicht rechtsverbindliche Änderungen vorgenommen wurden, die „zum Teil ohne erkennbaren Grund" erfolgte Anhebung der Mindestanforderungen kritisierten. Viele der neuen Maßgaben seien fragwürdig oder falsch. Auch der Umstand, dass das Gutachten die Verwertung von nicht ausdrücklich zur Verfütterung gezüchteter Tiere zu ebendiesem Zwecke – überzählige Nachzuchten anderer Arten also – nicht als vernünftig und damit erlaubt ausweist, wird seitens des *VdZ* bemängelt.

Auch wenn die Überarbeitung des Gutachtens mit einer weiteren, wenngleich nur geringfügigen Annäherung an die Bestimmungen des § 2 TierSchG grundsätzlich zu begrüßen ist, fehlt ihm doch aufgrund seiner nach wie vor geltenden Rechtsunverbindlichkeit jede Durchsetzungskraft: einerseits können die Zoos die gutachterlichen Maßgaben mit Verweis auf Bestandsschutz bzw. eingeräumte Übergangsfristen nach Belieben ignorieren (was viele auch tun), und sie andererseits unter Verschleierung ebendieser Rechtsunverbindlichkeit als Argument einsetzen, um öffentliche Gelder für Um- oder Neubauten einzufordern. Vergleichbare Maßgaben für Nicht-Säugetiere gibt es nicht.

3. Realität in heutigen Zoos

Tiere im Zoo sind keine Botschafter, die uns etwas über die Natur lehren, vielmehr lehren sie uns etwas über das augenscheinliche Bedürfnis des Menschen, jedes andere Lebewesen auf Erden zu unterjochen und auszubeuten.

Bill Maher, 2007

Nichts wird von Zooverantwortlichen so vehement bestritten wie der Vorwurf, den Tieren – insbesondere den Großsäugern – stehe im Zoo zu wenig Platz zur Verfügung. Selbst die Haltung von Eisbären, die in freier Wildbahn Reviere von bis zu 30.000 Quadratkilometern durchstreifen (etwa die Größe Brandenburgs), wissen sie zu rechtfertigen, auch wenn die den Bären im Zoo zugewiesene Fläche noch nicht einmal der des Strafraumes auf einem Fußballplatz entspricht. Vielfach wird behauptet, Zootiere hätten kein Bedürfnis nach räumlicher Weite und Freiheit; vielmehr beruhe solche Vorstellung auf einer unzulässigen Projektion des menschlichen Freiheitsbegriffs: Wo immer Tiere weite Strecken zurücklegten, täten sie das nur, um Nahrung oder einen Partner zu finden. Bekämen sie all das zur Verfügung gestellt, bräuchten sie keine größeren Räume, die man ihnen insofern im Zoo auch nicht bieten müsse.

Tatsächlich liegt das *zentrale* Problem der Gefangenhaltung von Wildtieren, gerade von jenen, die in freier Wildbahn große Gebiete durchstreifen, im extrem beschränkten Platz, der ihnen in den jeweiligen Anlagen zur Verfügung steht. Da sie auf dem engen Raum ihren artspezifischen Bewegungsimpulsen nicht oder nicht in ausreichendem Maße nachkommen können, werden sie krank: eine Vielzahl der in Zoos zu beobachtenden Verhaltensstörungen ist allein der räumlichen Enge zuzuschreiben, der sie ausgesetzt sind.

Selbst das weitläufigste Zoogehege hält keinem Vergleich stand mit den Ausmaßen der Reviere, die die Tiere in ihren natürlichen Heimaten bewohnen. Die Freianlagen beispielsweise für Schimpansen liegen im Vergleich zur Größe der Reviere, die sie im Freiland durchstreifen, allenfalls im Zehntelpromillebereich; ganz abgesehen davon, dass auch die sogenannten „Freigehege“ von meterhohen Betonwänden umgeben sind, von elektrisch geladenen Zäunen, Drahtgittern und Panzerglasscheiben. Sichtblenden, Nischen oder sonstige Rückzugsmöglichkeiten fehlen nahezu durchgängig –

die Tiere sollen für die Besucher jederzeit gut zu sehen sein –, Spiel- oder Beschäftigungsmaterial wird nur in den seltensten Fällen angeboten.

Je nach Tierart sind die Außenanlagen nach oben hin offen bzw. mit Drahtgeflecht oder Gitter überspannt. Während sie in den meisten Zoos Naturboden aufweisen, gibt es auch „Freigehege", deren Böden komplett aus nacktem Beton bestehen. Und selbst in „naturnah" gestalteten Freianlagen sind in der Regel sämtliche Büsche und Bäume, dazu ganze Areale der Grasflächen, mit elektrisch geladenen Weidezaundrähten umgeben, so dass sie von den Tieren nicht genutzt – und damit auch nicht beschädigt – werden können.

Zur Gehegebegrenzung wird gerne sogenanntes „Elektrogras" eingesetzt, das eigens für Zoos entwickelt wurde: stromführende Drahtbüschel, die, grün beschichtet, vom Besucher kaum von wirklichen Grasbüscheln zu unterscheiden sind. Dem Besucher kann dergestalt das Bild einer intakten Flora präsentiert werden, das die Illusion unterfüttert, er blicke in ein Stück „freie Natur". Gelegentlich werden die Freigehege auch mit Schlehen oder anderen Stachelgewächsen bepflanzt, von denen die Tiere von sich aus Abstand halten. Viele Gehege bieten den Tieren insofern weit weniger Bewegungsraum, als es dem Besucher erscheint. Oftmals sind die Freianlagen auch von bis zu sechs Meter breiten Wassergräben umgeben, die sie im Gesamteindruck sehr viel größer wirken lassen als sie tatsächlich sind. Nach wie vor existieren auch Zoos, die *überhaupt kein Freigehege* für einzelne Tierarten vorhalten.

Abgesehen von Grundfläche und Ausstattung der jeweils zur Verfügung stehenden Freigehege – sofern es denn welche gibt – hat das Gros der vorgehaltenen Tiere nur während der warmen Jahreszeit, nur bei trockener Witterung und nur tagsüber Zugang dazu. Sie verbringen bis zu neunzig Prozent ihrer Lebenszeit – im Einzelfall noch darüber – in den durchwegs noch sehr viel beengteren Innengehegen, von Spätherbst bis Frühjahr sind sie in der Regel dauerhaft darin festgesetzt. Der Umstand, dass die Tiere tatsächlich *die meiste Zeit ihres Lebens* in den teils winzigen Innenräumen gehalten werden, tritt den Besuchern, die ihren Zoobesuch bevorzugt an sonnigen und warmen Tagen absolvieren, an denen die Tiere draußen zu sehen sind, nicht unmittelbar ins Bewusstsein.

Die in der Regel extrem beengten Verhältnisse in den Innengehegen lassen den Tieren keine ausreichende Möglichkeit zum Ausleben ihrer artspezifischen Bedürfnisse. Die mangelhafte Inneneinrichtung – vielfach nackter oder verfliester Betonboden, bedeckt allenfalls mit ein wenig Rindenmulch, Torf oder Holzwolle, dazu, je nach Tierart, ein paar ineinan-

„...und hinter tausend Stäben keine Welt.“ Tierpark Berlin, 2013

der verschraubte Baumstämme oder Stahlrohrgerüste mit dazwischengehängten Seilen, Feuerwehrschläuchen und Hängematten – tut ein Übriges. Sichtblenden oder Rückzugsmöglichkeiten gibt es nur in Ausnahmefällen, auch Spiel- und Beschäftigungsmaterial wird nur vereinzelt vorgehalten.

Noch wesentlich beengter als die Schaugehege sind die sogenannten Schlafboxen, in denen die Tiere nachtsüber verwahrt werden. „Hinter den Kulissen“, sprich: in jenen Bereichen, in die die Besucher in der Regel keinen Einblick bekommen, sieht es selbst in nach vorne hin modernisierten Zoos vielfach noch aus wie in den 1950ern: winzig kleine, verrostete und völlig heruntergekommene Käfigzellen sind da eher das Übliche als die Ausnahme. Das gleiche gilt für die Kranken- oder Quarantänestationen, ganz abgesehen davon, dass in der Mehrzahl der Zoos überhaupt keine derartigen Isolierstationen vorgehalten werden.

Vielfach erlauben die beschönigend als „Innengehege“ bezeichneten Betonkästen keinerlei Blick „nach draußen“; von Spätherbst bis Frühjahr sehen die Tiere kein direktes Tageslicht, d. h. sie leben über Monate hinweg unter Kunstlicht bzw. unter folierten Oberlichten. Spätestens hier führt sich jeder Anspruch auf „artgerechte Tierhaltung“ selbst *ad absurdum.*

Illusion weitläufiger Natur

Um von den extrem beengten – und *in keinem Falle* den Bedürfnissen der Tiere gerecht werdenden – Verhältnissen in den einzelnen Gehegen und Käfigen abzulenken, weisen die Zoos in ihren Werbebroschüren und Selbstdarstellungen gerne auf die enorme Größe ihres Gesamtareals hin. Indes sind selbst diese Angaben, wahlweise in Quadratmetern, Hektar oder auch umgerechnet in „Fußballfelder“ vorgestellt, reine Augenwischerei: In die werbewirksam ausgewiesenen Gesamtflächen wird grundsätzlich alles einbezogen, was innerhalb des jeweiligen Begrenzungszaunes liegt: Eingangs- und Kassenbereich, Besucherwege, Restaurants, Kioske, Souvenierläden, Rast- und Brotzeitplätze, Kinderspielplätze, Toilettenanlagen, Grünanlagen, Verwaltungsgebäude, Wirtschaftseinrichtungen usw.; gelegentlich wird sogar die Fläche des Besucherparkplatzes miteinberechnet. Vielfach nehmen die Einrichtungen für die Besucher weit mehr Fläche ein als die Tiergehege.

Vordergründig dient der stete Verweis auf das vermeintlich riesige Areal des jeweiligen Zoos als Anreiz für potentielle Besucher, denen, so die augenfällige Botschaft, für ihr Eintrittsgeld auch eine Menge geboten werde. Tatsächlich aber verfolgen die bewusst manipulativen Angaben zur jeweiligen Gesamtfläche einen anderen Zweck: Dem Besucher soll ein gleichsam „unbegrenztes Naturerlebnis“ vorgegaukelt werden, das ihn im Zoo erwarte: eine Fläche so groß, dass sie an einem Tag kaum zu durchwandern sei. Vor allem aber soll dem tatsächlichen Erleben größter Beengtheit der in teils winzigen Gehegen, Betonbunkern und Drahtkäfigen zusammengepferchten Tiere vorgebaut werden, denen, wie es in der Selbstbewerbung eines Zoos heißt, immerhin dreißig Hektar zur Verfügung stünden – „so viel wie vierzig Fußballfelder“.

In der Tat scheint es den Zoos von größter Wichtigkeit zu sein, dem Besucher „Weitläufigkeit“ zu suggerieren. Gewundene Pfade, begrenzungskaschierende Grünanlagen und großzügig bemessene Verweilplätze lassen das Gefühl des Besuchers schwinden, in einer Art Freiluftgefängnis von einem Zellentrakt zum nächsten unterwegs zu sein. Dem gleichen Zweck dienen Erlebnisrestaurants, Abenteuerspielplätze und Disneylandattraktionen, die den Besucher in Freizeitstimmung versetzen und ihn die de-

Dschungelillusion für die Besucher: Ara vor Fototapete. Zoo Köln, 2016

primierende Beengtheit der Käfig- und Gehegeanlagen übersehen lassen. Die hinter Elektrozäunen und Panzerglas eingesperrten Tiere haben von alledem überhaupt nichts.

Im Zweifelsfall werden *immer* die Besucheranlagen erweitert und verbessert, nicht die Tiergehege. Und selbst wenn bestehende Gehege überholt oder neue Anlagen errichtet werden – vielerorts, vor allem in den öffentlich bezuschussten Großzoos, wird in der Tat viel Geld in die Modernisierung der Gehege gesteckt –, liegt das Augenmerk *grundsätzlich* auf der betriebswirtschaftlich relevanten Steigerung der Attraktivität für die Besucher; die Interessen der Tiere werden allenfalls nachrangig berücksichtigt. Zoos sind, auch wenn die meisten von ihnen aus Steuergeldern subventioniert werden, reine Wirtschaftsunternehmen: die zur Schau gestellten Tiere sind insofern nicht mehr als Renditeobjekte, die unter dem Blickwinkel optimaler Verwertung gesehen werden.

Heutige Zoos sind streng darauf bedacht, dem Bild des „Tiergefängnisses" entgegenzutreten, mit dem sie nicht nur aus tierethischer Perspektive seit je assoziiert sind. Die Korrektur dieses „Negativbildes" besteht nun freilich nicht darin, für substantiell bessere Lebensbedingungen der eingesperrten Tiere zu sorgen oder wenigstens die Haltung jener Tiere einzustellen, die in Gefangenschaft nicht einmal annähernd „artgerecht" gehalten werden können, sondern in erster Linie darin, den „Eindruck" zu verbessern, den die Besucher mit nach Hause nehmen. Auch wenn die Gefangenschaftshaltung gerne als „Haltung in menschlicher Obhut" umschrieben wird, gelegentlich auch als „Leben in einem Ersatzlebensraum" bzw. einer „Ex-situ-Population": Gefängnis bleibt Gefängnis.

Den gewandelten Anforderungen der Besucher entsprechend wurde in den zurückliegenden Jahren auf „gitterlose" Haltung umgerüstet. Die schweren Eisengitter vor den Gehegen, die das Bild der Zoos bis in die 1990er hinein prägten, wurden, wo immer möglich, ersetzt durch weniger ins Auge springende Sicherungsanlagen. Vor allem die „publikumsattraktiven" Tiere werden seither hinter Panzerglasscheiben, Wassergräben oder versteckten Elektrozäunen präsentiert, was den Umstand, dass sie nach wie vor und unter oft indiskutablen Bedingungen gefangengehalten werden, im Blick der Besucher etwas in den Hintergrund treten lässt. Durch die gitterlose Präsentation der Tiere wird der Gefängnischarakter der Zoos allenfalls kaschiert, an ihrem tatsächlichen Gefängnischarakter ändert sich dadurch nichts.

Ungeachtet aller Kosmetikmaßnahmen, die einzelne Zoos zur Aufbesserung ihres Erscheinungsbildes vorgenommen haben, wird die weit überwiegende Mehrzahl der Tiere bis heute in Eisen- und Drahtgitterkäfigen zur Schau gestellt. Gegen Kritik, allein schon vom Ersteindruck her genau das zu sein, was sie so heftig bestreiten, nämlich Tiergefängnisse und Tierknäs-

Lebenslänglich hinter Gittern: Orang Utan BUSCHI, Zoo Osnabrück, 2015

te, verwahren sich die Betreiber derartiger Zoos mit Nachdruck; vielfach mit dem Argument, Gitterkäfige böten vielen Tierarten durchaus Vorteile: Sie hätten dadurch mehr Klettermöglichkeiten und könnten ihre Gehege insofern auch „dreidimensional“ nutzen. Im Übrigen wird wahlweise auf Geldmangel oder Bestandsschutz verwiesen, wenn dringend notwendige Gehegemodernisierungen nicht vorgenommen werden, vielfach auch darauf, dass sich in den zurückliegenden zwanzig Jahren ohnehin schon so viel verändert habe bzw. die Verhältnisse andernorts – gemeint sind Zoos in Osteuropa oder in Fernost – viel schlimmer seien.

Einige Zoos suchen der gerade in Großkatzen- oder Menschenaffenhäusern kaum vermeidbaren „Knastatmosphäre“ entgegenzuwirken durch mehr oder minder üppige „Urwaldbepflanzung“. Allerdings werden nicht die Gehege bepflanzt, in denen die Tiere ihre Zeit zuzubringen genötigt sind, sondern die Besuchergänge: die Besucher werden auf dicht bewachsenen „Dschungelpfaden“ an Gehegen vorbeigeführt, in denen selbst kein einziger Grashalm wächst. Dass die Tiere auf nackten Betonböden herumsitzen, fällt weiter nicht auf, da der Blick des Besuchers die Bepflanzung außerhalb der Gehege sozusagen in diese mit hineinnimmt. Um die Illusion der Besucher zu verstärken, sie befänden sich „mitten im Regenwald", sind die Besuchergänge oftmals mit kleinen Wasserläufen und Teichen ausgestattet, auch mit Volieren, Aquarien oder Terrarien, in denen tropische Vögel bzw. Fische, Reptilien, Amphibien oder Spinnen gezeigt werden. Gelegentlich sind die Besuchergänge auch mit Holzschnitzeln oder Rindenmulch ausgelegt, um dem Besucher das Gefühl zu geben, er bewege sich auf weichem Dschungelboden. In den Gehegen selbst sind Mulchbeläge nur in den wenigsten Zoos anzutreffen.

Vielerorts sind die Betonböden, sowohl innerhalb als auch außerhalb der Tiergehege, erd- oder sandfarben angestrichen, um dem Besucher Naturgelände vorzugaukeln. Dem gleichen Zweck dienen künstliche Felsbrocken, mit denen die Gehege ausgestattet sind, vielfach sind auch die Seiten- und Rückwände mit künstlichen Felsen oder mit Holzplanken versehen; mancherorts sind sie auch mit Dschungelmotiven bemalt oder mit entsprechenden Phototapeten beklebt. (Der von den Zoos selbst verwendete Begriff „Kulissen" für die dem Publikum zugewandten Schaubereiche ist insofern durchaus zutreffend.) In einigen Zoos sind neben den Gehegen, in denen die Tiere auf nacktem Beton gehalten werden, großformatige Schaubilder oder gar Videomonitore angebracht, auf denen frei lebende Exemplare in ihren natürlichen Heimaten zu sehen sind. Es wird alles getan, um dem Besucher den Eindruck zu vermitteln, die Tiere würden unter Bedingungen gehalten, die weitgehend ihren natürlichen Lebensräumen entsprechen.

In den meisten Zoos finden sich schon im Eingangsbereich vermeintlich „freilebende" Flamingos, Pelikane oder Wildgänse. Nicht begrenzt durch Käfige oder Volieren erwecken sie den Eindruck artgerechter und ihren Bedürfnissen entsprechender Haltung. Tatsächlich werden die Vögel, um sie am Davonfliegen zu hindern, flugunfähig gemacht. Vielfach wird ihnen dabei kurz nach dem Schlüpfen mit einem Glühdraht ein Flügelknochen durchtrennt. Wahlweise wird auch das Schultergelenk der frisch geschlüpften Vögel gequetscht, so dass es später versteift. Mancherorts greift man auch zu Skalpell oder Schere und durchtrennt Teile der Flughaut beziehungsweise Sehnen oder Nerven des Brustmuskels; nicht selten werden auch Teile der Flügel einfach abgeschnitten. Das gleiche gilt für käfiggehaltene Vögel wie Geier, Adler oder Kondore, deren Käfige zu klein sind, als dass sie darin herumfliegen könnten; auch sie werden auf eine der beschriebenen Weisen flugunfähig gemacht, so dass sie allenfalls noch ein wenig herumflattern können.

Flügelbeschnittener Marabu, Zoo Köln, 2015

Tatsächlich verstößt derlei Flugunfähigmachung flugfähiger Vögel gegen geltendes Tierschutzrecht (teils auch gegen Landesnaturschutzrecht). Nach § 2 (2) TierSchG darf, wer ein Tier hält, betreut oder zu betreuen hat, „die Möglichkeit des Tieres zu artgemäßer Bewegung nicht so einschränken, dass ihm Schmerzen oder vermeidbare Leiden oder Schäden zugefügt werden". Vor dem Hintergrund zunehmender Kritik an derlei fortlaufendem Gesetzesverstoß gehen Zoos neuerdings dazu über (bzw. behaupten, dies zu tun), keine Amputationen oder dauerhafte Gewebeschädigungen mehr vorzunehmen, sondern nur noch die Schwungfedern der Vögel herauszuschneiden, was dem Gesetz Genüge leiste und für die Tiere keinerlei Stress oder Beeinträchtigung bedeute. Allerdings werden die Vögel auch durch regelmäßige Beschneidung der Federn ihrer art- und wesensbestimmenden Fortbewegungsfähigkeit beraubt. Die Behauptung der Zoos, sie würden nicht darunter leiden, nicht fliegen zu können, ist durch nichts belegt.

Warum haben Pinguine einen Frack an?

Während in Reaktion auf die seit Anfang der 1990er fortdauernde Kritik die meisten Zoos über Um- und Neubaumaßnahmen die eklatantesten Missstände zu beseitigen suchten, bemühte man sich parallel dazu um die Entwicklung eines „modernen Zookonzepts", das der vorgetragenen Kritik argumentativ entgegentreten und die Existenz der Zoos in der Form, in der sie unreformierbar nun einmal bestehen, als „höheren Zielen" verpflichtet rechtfertigen könnte.

Resultat der Mühe war die Vorstellung des bereits erwähnten „Vier-Säulen-Konzepts": Zoos sollten nicht mehr nur der simplen Zurschaustellung von Tieren dienen, vielmehr beruhe der „Zoo der Zukunft" auf den Säulen „Bildung", „Artenschutz", „Forschung" und „Erholung". Verbindlich für alle dem Weltzooverband *(WAZA)* zugehörenden zoologischen Einrichtungen und als Empfehlung für alle sonstigen „Mitglieder der Welt-Zoo- und Aquariumsgemeinschaft" wurde das neue Konzept zu einer im Jahre 2005 verabschiedeten „Welt-Zoo- und Aquarium-Naturschutzstrategie" (*WZANS*) ausformuliert. Eine wachsende Zahl von „Gruppierungen", wie es darin heißt, stehe den zoologischen Gärten feindselig gegenüber. Diese Tierrechts- bzw. Tierschutzlobbyisten kümmerten sich mehr um die Interessen einzelner Tiere, als um Naturschutz, sprich: Arten oder Ökosysteme; eine weitere Gegenströmung bildeten jene Naturschützer, die bezweifeln, dass die Entnahme von Tieren aus freier Wildbahn überhaupt zu rechtfertigen sei. Um sich dagegen zu behaupten und die Unterstützung der Öffentlichkeit zu finden, müssten die Zoos und Aquarien eine neue Identität annehmen und neue Ziele formulieren. Allenthalben ist seither von besagten „vier Säulen" die Rede, die, immun und immunisierend gegen jede Kritik, als axiomatische Grundlage modernen tiergärtnerischen Handelns vorgegeben werden. In keinem Werbefaltblatt und keiner Besucherbroschüre fehlt der selbstvergewissernde Hinweis darauf.

Das meistgenannte Argument zur Rechtfertigung der Existenz von Zoos ist die Behauptung, sie trügen zur Bildung der Besucher bei. Als „größte außerschulische Bildungseinrichtungen" würden sie jährlich Millionen von Menschen erreichen – die Rede ist von weltweit 750 Millionen Besuchern pro Jahr –, die nicht nur wertvolle Tier- und Artenkenntnisse erhielten, sondern über das sinnlich erfahrbare Begreifen der Natur für deren Schutz sensibilisiert würden.

Gemäß einer Empfehlung des Weltzooverbandes bieten die meisten Zoos des deutschsprachigen Raumes seit Mitte der 1990er über hauseigene „Zooschulen“ ein thematisch breitgefächertes Sortiment an Führungen, Kursen und Unterrichtseinheiten an. In Deutschland kommen sie damit einer Verpflichtung nach § 42 BNatSchG nach, das „Bewusstsein der Öffentlichkeit in Bezug auf den Erhalt der biologischen Vielfalt durch Informationen über die zur Schau gestellten Arten und ihre natürlichen Biotope“ zu fördern.

Das Hauptaugenmerk der Zooschulen liegt auf der Arbeit mit Kindern zwischen vier und vierzehn Jahren. Zu vorab vereinbarten Terminen kommen die Kindergarten- oder Schulgruppen zusammen mit ihren Erzieherinnen oder Lehrerinnen in den Zoo und werden dort für die Dauer von ein- bis eineinhalb Stunden (gelegentlich auch länger) von eigens dazu abgestellten Zoopädagogen betreut. Der Ablauf ist überall der gleiche: nach einer Einführung in die Verhaltensregeln im Zoo werden die Kinder durch die Anlage geführt und erhalten Informationen über die jeweils aufgesuchten Tiere; meist darf auch ein Blick „hinter die Kulissen“ (Aufzuchtstation, Betriebshof, Futterküche o.ä.) geworfen werden. Ältere Kinder werden mit zu bewältigenden Erkundungs- oder Beobachtungsaufgaben betraut und in eigenständigen Kleingruppen durch den Zoo geschickt.

Ein in den meisten Zoos vorgehaltener eigener Zooschulraum erlaubt didaktische Vor- und Nachbereitung, in der Regel stehen dort auch Mikroskope, präparierte Tierteile etc. zur Verfügung. Kleinere Kinder können hier malen oder basteln, größere erhalten Arbeitsblätter, auf denen zoologische Fragen behandelt werden wie „Was fressen Zootiere?“, „Wer ist Otti Otter?“ oder „Warum haben Pinguine einen Frack an?“ Ethische Fragestellungen kommen nicht vor. Arbeitsmaterialien und zoopädagogische Betreuung sind über einen Aufschlag auf das reguläre Eintrittsgeld zu bezahlen, mancherorts sind sie auch kostenfrei.

Mit allen Sinnen?

Das Ziel der aufwändig beworbenen Zooschulprogramme liegt angeblich darin, Kindern ein „tieferes Naturverständnis“ vermitteln zu wollen. Tatsächlich begegnen die Kinder im Zoo gerade *nicht* der Natur, der wirklichen Tierwelt schon gar nicht. Jeder Dokumentarfilm, wie es sie heute zu jeder in Zoos gehaltenen Tierart (und zu zahllosen weiteren Arten) in herausragender HD-Qualität gibt, vermittelt mehr Kenntnis, Wissen und Empathie, als ein Zoobesuch dies je vermag; zumal die Tiere im Film in ihren biologischen, ökologischen und sozialen Lebenszusammenhängen zu sehen sind und nicht komplett isoliert davon in irgendwelchen Zookulissen. (Die rasante Fortentwicklung von 3D- und *Virtual-Reality*-Technologie wird Zoos, die ohnehin kein reales Naturerlebnis bieten, in naher Zukunft gänzlich erübrigbar werden lassen.)

Noch nicht einmal das Argument, im Zoo könnten die Kinder den Tieren „mit allen Sinnen" begegnen, sie also nicht nur sehen und hören wie im Film, sondern auch riechen und anfassen, ist tragfähig. Tiere riechen in ihrer natürlichen Umgebung keineswegs so wie sie im Zoo riechen, wo sie Kot und Urin in ihren beengten Käfigen absetzen und sich direkt daneben aufhalten müssen: Zoos vermitteln insofern ein völlig falsches Geruchsbild. Auch die Möglichkeit Tiere zu berühren ist sehr limitiert: sie beschränkt sich in der Regel auf die Streichelzooabteilung, in der Schafe, Zwergziegen, Minischweine usw. angefasst und gestreichelt werden dürfen. Dass dies für die Tiere oftmals enormen Stress bedeutet, wird den Kindern nicht erklärt; ebensowenig, dass sie nach ihrer meist kurzen Karriere als „Streicheltiere" geschlachtet und an andere Zootiere verfüttert werden.

Freilich geht es der sogenannten Zoopädagogik auch gar nicht um die Vermittlung von Naturverständnis, vielmehr geht es ihr in erster Linie darum, die Kinder möglichst frühzeitig auf die Gegebenheiten des Zoos zu konditionieren, darauf, dass sie es als normal und richtig empfinden, dass Tiere zum Vergnügen des Menschen und um seinen „Forscherdrang" zu befriedigen hinter Isolierglasscheiben, Eisengittern und stromführenden Zäunen eingesperrt sind. Das in Kindern vielfach (noch) vorhandene Mitgefühl mit den in teils winzigen Käfigen zusammengepferchten und *offenkundig leidenden* Tieren wird ihnen in den Zooschulen systematisch ausgetrieben. Lernziel: Tiere haben es gut im Zoo! Zugleich wird den Kindern vermittelt, dass es völlig normal und richtig ist, Tiere zu nutzen und zu verwerten. Lernziel: Tiere sind für den Menschen da! Und nicht zuletzt wird den Kindern die Begründung und Rechtfertigung für die Existenz von Zoos eingetrichtert. Lernziel: Zoos dienen dem Erhalt der Tierwelt!

Zooschulpädagogik ist gezielte Manipulation von Kindern im Interesse der Zoobetreiber (und einer Warengesellschaft, für die Zoos als „Bildungseinrichtungen" unverzichtbar sind, um Tiere als zu verwertende Objekte in den Köpfen junger Menschen zu verankern). Es geht gerade *nicht* darum, die Natur verstehen und achten zu lernen, sondern ganz im Gegenteil darum, die groteske Verzerrung und Zurichtung der Natur, wie Zoos sie darbieten, als „Natur" zu begreifen; vor allem aber darum, immun zu werden gegen das Leid der Tiere, die, eingesperrt auf Lebenszeit und jeder Regung ihres Wesens beraubt, zu bejammernswerten Karikaturen ihrer selbst

Zoopädagogik: „Tiere haben es gut im Zoo". Tiergarten Nürnberg, 2014

verkommen. Im erfolgreichsten Falle lernen die Kinder: Zoobesuch macht Spaß!, wozu auch die großangelegten Kinderspielplätze sowie die zoopädagogisch betreuten Freizeitaktivitäten (Geburtstagsfeiern, Nachtführungen, Malkurse etc.) und Sonderveranstaltungen (an Ostern, Halloween, Nikolaus etc.) im Zoo beitragen. Nicht zuletzt gibt es in den Zooshops für jede Altersstufe eine Unzahl zooaffirmativer Bilder- und Vorlesebücher, dazu Spiel-, Bastel- und Malvorlagen jedweder Sorte.

Zur fachlichen Qualifikation der „Zoopädagogen" gibt es in aller Regel keine Angaben. Vielfach werden Lehramtsstudentinnen und -studenten für die zoopädagogische Arbeit rekrutiert (einzelne Zoos haben insofern eigene Kooperationsabkommen mit örtlichen Hochschulen geschlossen); nicht selten werden aber auch Mitglieder der Zoofördervereine oder pensionierte Tierpfleger als „Zoopädagogen" abgestellt; mancherorts auch komplette Laien, die, wie etwa im Zoo Hannover, in einwöchigen Kursen als 450-Euro-Kräfte angelernt werden.

Die didaktische Vorgehensweise ist in allen Zoos die gleiche: eingebunden in mehr oder minder unterhaltsam vorgetragene Tiergeschichten,

Tiermärchen und Tieranekdoten erhalten die Kinder ein paar grundlegende Schulbuchinformationen zu Wesen und Verhalten der jeweils beobachteten Tiere. Da diese Informationen, wie sie in kondensierter Form auch auf den Gehegebeschilderungen zu finden sind, in der Regel Wesen und Verhalten *wildlebender* Tiere beschreiben, stehen sie in teils groteskem Widerspruch zu den tatsächlich hinter Gittern und Panzerglasscheiben vorfindlichen „Exponaten", die allenfalls noch ein Zerrbild ihrer freilebenden Verwandten darstellen. Die Kinder darauf zu konditionieren, derlei Widersprüche konsequent auszublenden, ist oberste Aufgabe aller Zoopädagogik.

Insgesamt sollen die Kinder den Zoo als einen Ort erleben, an dem es den Tieren gut geht. Sämtliche Informationen, die sie zu Ernährung, Gesunderhaltung, Fortpflanzung etc. der Tiere erhalten, sind darauf ausgelegt, den Eindruck zu vermitteln, sie seien optimal versorgt und es mangle ihnen an nichts. Das ins Auge springende Leid der auf engstem Raume und unter widernatürlichsten Verhältnissen gehaltenen Tiere wird überkompensiert in absurdeste Behauptungen über die Vorteile, die es für sie habe, in einem Zoo zu leben: kein Stress mit Nahrungssuche, mit Fressfeinden und mit Paarungskonkurrenz, zudem ständig verfügbare medizinische und pflegerische Betreuung. Zootiere hätten insofern viel bessere Lebensbedingungen als Tiere in freier Wildbahn.

Zoopädagogischer Unterricht dient nicht der Bildung und Aufklärung, wie immer behauptet wird – bedenkenlos wird auch zoologisch Grundfalsches erzählt –, vielmehr dient er als Vehikel, über das rein wirtschaftliche Interessen des jeweiligen Zoos verfolgt werden: in erster Linie die, dass die Kinder gerne und oft wiederkommen, auch als spätere Erwachsene mit ihren eigenen Kindern, und diese eines Tages mit den ihren. Zooschulen sind dazu da, generationenübergreifende Publikumsbindungen zu schaffen.

Zu den Aufgaben der Zooschulen zählt neben der schul- und freizeitpädagogischen Arbeit mit Kindergruppen auch und vor allem die Erstellung „didaktischer" Materialien (Zooführer, Zooquiz, Gehegebeschilderung, Entwicklung audiovisueller bzw. interaktiver Medien usw.). Hinzu kommt die gezielte Öffentlichkeitsarbeit (Pressemeldungen, Infostände, Publikationen etc.; auch das Konzertieren von Leserbriefkampagnen, Foren- und Facebook-Einträgen, sollte irgendwo ein unliebsamer Artikel oder Fernsehbericht erschienen sein). In vielen Zoos liegt die Außendarstellung komplett in den Händen der jeweiligen Zooschule.

Vielfach sind die zoopädagogischen Mitarbeiter auch für Konzeption und Durchführung umsatzfördernder Sonderveranstaltungen zuständig, die den Zoo allenfalls als Kulisse nutzen. Vor allem für Kinder – mehr als 60

Prozent der Zoobesucher sind unter 14 Jahren –, für die ohnehin großflächige Spielplätze mit Kletter-, Schaukel- und Hüpfburgeinrichtungen vorgehalten werden, vielerorts gar Fahrgeschäfte wie auf der Kirmes, werden fortlaufend irgendwelche „Aktionstage" durchgeführt. Neben Oster- und Nikolaus-Events, bei denen Schokoeier gesucht bzw. Weihnachtslieder gesungen werden, gibt es Karnevals-, St. Martins- oder sonstige Laternenumzüge, auch Halloween-Parties, bei denen die Kinder zu „Gruselmonstern" geschminkt werden. (Das sogenannte „Tiergesichterschminken", bei dem Besucherkinder gegen Extraentgelt zu „Löwen", „Papageien" oder „Schmetterlingen" umgestylt werden, zählt in vielen Zoos längst zum Standardangebot.) Im Winter werden Eislaufflächen und Rodelbahnen angelegt, im Sommer gibt es Micky-Maus-Filmvorführungen, Kaspertheater und Kinderdisco. Ein wesentlicher Faktor zur Verankerung des Zoos im Bewusstsein der Kinder als Hort von Spiel, Spaß und Vergnügen ist die Ausrichtung von Kindergeburtstagen, die mittlerweile in sämtlichen Zoos angeboten wird.

Gottesdienst und Erotikshooting

Auch für Erwachsenengruppen (Vereine, Betriebsbelegschaften, Privatgruppen etc.) werden Führungen oder Vorträge veranstaltet, regelmäßig gibt es auch entsprechende Sonderevents: klassische Konzerte, wahlweise auch Jazz-, Dixieland- oder Tangoabende, Modenschauen, Theateraufführungen oder kulinarische 5-Gänge-Menüs (bevorzugt im Aquarienhaus, in dem es nicht „riecht"). Sonntägliche Frühschoppen im Zoo werden mit Biergartenmusik angereichert, nachmittags gibt es Caféhausmusik mit Stehgeiger, spätabends ein Feuerwerk. Betriebsfeiern werden ausgerichtet, Jubiläen, Junggesellenabschiedsfeten und Hochzeiten, letztere gerne in Elefanten- oder Großkatzenhäusern, einschließlich eindrucksvoller „Erinnerungsfotos"; selbst „Tiersegnungen" und „Freiluftgottesdienste" gibt es, bei denen vor den eingesperrten Tieren die „Schönheit der Schöpfung" besungen wird. Nichts ist zu abseitig, als dass nicht versucht würde, darüber zahlende Kundschaft anzuziehen. Im Zoo Dortmund beispielsweise werden regelmäßig „Star-Wars-Aktionstage" veranstaltet, das Elefantenhaus des Zoos Wuppertal wird samt den Elefanten zur Bühne für *Modern Dance*-Inszenierungen. Anderweitig finden Erotik-, KungFu- oder Rennwagenshows statt, weitverbreitet sind auch „Romantikführungen mit Prosecco-Empfang" am Valentinstag.

„Mit dem Segen Gottes...“ Tierpark Hagenbeck Hamburg, 2016

Seit einigen Jahren greift die aus US-Zoos übernommene Gepflogenheit um sich, großangelegte Halloween-Spektakel zu veranstalten, bei denen eigens gecastete „Performancekünstler“ als Zombies, Gruselclowns und sonstige Horrorgestalten zwischen den Käfigen herumlaufen und die Besucher erschrecken. Auch die Besucher selbst – Erwachsene wie Kinder – können entsprechend maskiert in den Zoo kommen oder sich dort zu Halloweenmonstern stylen lassen. Dass der vorgebliche Bildungsauftrag der Zoos dabei vollends auf der Strecke bleibt, kümmert niemanden, ebensowenig die Frage, welche Auswirkungen der zusätzliche Lärm und Rummel – für viele der Sonderveranstaltungen werden die Öffnungszeiten in die Abend- und Nachtstunden hinein verlängert – auf die Tiere hat. Diese dienen ohnehin nur als Staffage.

In manchem Zoo wird in Zusammenarbeit mit örtlich ansässigen HeilpraktikerInnen „psychotherapeutische“ Hilfe bei Schlangen- oder Spinnenphobien angeboten: im Rahmen eintägiger „Seminare“ kann man sich einer sogenannten „Konfrontationstherapie“ unterziehen (Kosten: bis zu 150 Euro), bei der zooeigene Pythons und Taranteln zum Einsatz kommen. (Es erübrigt sich der Hinweis, dass HeilpraktikerInnen weder über die erforderliche diagnostische noch die klinische Qualifikation verfügen, Phobien oder sonstige Störungen oder Erkrankungen seriös zu behandeln.)

Zerrbilder und Klischees

Die Hinweistafeln an den Gehegen werden von den Besuchern nur in den seltensten Fällen gelesen, allenfalls interessiert man sich für die Namen und vielleicht noch das Alter der jeweiligen Tiere. Allerdings vermitteln die Schilder in aller Regel auch nur wenig Brauchbares. Der Hinweis an einem 40 Quadratmeter großen Käfig, in dem ein einsamer Gepard auf nacktem Beton herumliegt, es handle sich hier um das schnellste Landsäugetier, das Spitzengeschwindigkeiten von über 110 Stundenkilometern erreiche, ist eher zynisch denn lehrreich.

Die durchschnittliche Verweildauer der Besucher vor den einzelnen Gehegen liegt, unabhängig von der Anzahl darin gehaltener Tiere, bei *unter einer Minute* pro Käfig (lediglich während der Fütterungszeiten oder bei Anwesenheit eines Jungtieres liegt sie etwas höher). Viele Besucher werfen nur im Vorübergehen einen Blick auf die jeweiligen Tiere; allenfalls bleiben sie kurz stehen, um ein Handyphoto oder ein „Selfie“ mit Tier im Hintergrund zu machen.

Auch mit Blick auf das Verhalten der Besucher hat sich, allen zoopädagogischen Bemühungen und deren angeblich hohem erzieherischem Wert zum Trotz, seit den Gründertagen der Zoos nicht viel geändert. Wie seit je wird gegen die Scheiben geklopft, es wird gerufen, gepfiffen und in die Hände geklatscht, um die Aufmerksamkeit der Tiere zu erregen. Wähnen Besucher sich unbeobachtet – auch und gerade Erwachsene –, ziehen sie Grimassen, kratzen sich mit Huhu-Geschrei unter den Achseln oder fuchteln mit Regenschirmen herum. Nach wie vor werden die Tiere ohne jede Rücksichtnahme mit Blitzlicht photographiert. Im Außenbereich fliegen immer wieder angebissene Bratwürste, Hamburger, Pommes frites und Pizzateile in die Gehege, auch Kaugummis, brennende Zigaretten, Coladosen und jedweder sonstiger Abfall. Immer wieder ist auch zu beobachten, dass

Lernort für Naturbeobachtung? Zoo Berlin, 2016

Auf nacktem Beton. Laintalzoo Schwaigern, 2014

die Tiere mit Stöcken oder Kieselsteinen beworfen werden; nicht selten sind erhebliche Verletzungen die Folge. Manche Besucher, so der Direktor des Duisburger Zoos in einem Interview von Spätsommer 2016, „kommen nur, um die Tiere zu quälen". Unausrottbar, wenngleich nicht unbedingt tierquälerisch motiviert, erscheint auch die vermeintlich „glücksbringende" Gewohnheit, Krokodilen, Robben oder Flusspferden Geldstücke in den Rachen zu werfen. Immer wieder kommen Tiere durch verschluckte Münzen qualvoll zu Tode: *Offenbarungseid aller Zoopädagogik.* Zoos, wie der Direktor des Heidelberger Zoos in lakonischer Offenheit einräumt, zögen eben vornehmlich „bildungsfernere Schichten" an.

Auch wenn Zoos von sich behaupten, es gebe keinen Lernort, an dem man Natur besser beobachten und verstehen lernen könne, ist doch das genaue Gegenteil der Fall: Zoos eignen sich zu nichts weniger, als einen sinnfälligen Bezug zur Natur herzustellen. Vielmehr werden Zoobesucher systematisch dazu angeleitet, die in Käfigen und Betonbunkern vorgeführten Zerrbilder, Klischees und Karikaturen von Natur als Natur selbst zu verkennen. Ebendeshalb fällt ihnen auch das Leid der eingesperrten, ihrer Freiheit und Würde beraubten Tiere nicht auf: Sie lernen, das Widernatürliche als das Natürliche zu sehen.

Allenfalls regen Zoos die Besucher dazu an, sich selbst Käfige, Terrarien oder Aquarien anzuschaffen und exotische Wildtiere – Affen, Papageien, Geckos, Zierfische etc. – als Dekoelemente ins heimische Wohnzimmer zu stellen: *Im Zoo gesehen, im Zootierhandel gekauft*. Myriaden exotischer Wildtiere – allein bis zu 840.000 Reptilien – werden offiziellen Angaben zufolge jährlich nach Deutschland importiert, um, völlig unkontrolliert, in irgendwelchen Privathaltungen zu verschwinden (wo sie vielfach unter noch weit inadäquateren Bedingungen gehalten werden als im Zoos und/ oder nach kurzer Zeit „entsorgt" werden, wenn die Unterhaltskosten zu hoch werden oder das Interesse an ihnen schwindet). Die Zahl inoffiziell bzw. illegal eingeführter Tiere lässt sich noch nicht einmal schätzen. Nicht selten werden auch von den Zoos selbst „überzählige" Tiere an private Halter veräußert.

Botschafter ihrer Art

Die von Zooverantwortlichen allenthalben vorgetragene Behauptung, Zoobesucher würden durch das Kennenlernen gefangengehaltener Tiere für deren freilebende Artgenossen sensibilisiert und folglich für Arten-, Natur- und Umweltschutz eintreten, zählt zu den groteskesten Verrenkungen, mit denen Zoos ihre Existenz zu rechtfertigen suchen. Bezeichnenderweise wird weder erklärt, wie genau solcher Transfer vonstatten gehen soll, noch gibt es einen Anhaltspunkt, worin das neugewonnene Engagement der Zoobesucher zum Schutz von Tieren in freier Wildbahn denn im Einzelnen bestehen solle.

Tatsächlich liegt nichts der Wahrheit ferner: Zoobesucher werden den Tieren gegenüber nicht sensibilisiert, vielmehr werden sie systematisch *desensibilisiert*. Allein die vorgeführte „Notwendigkeit", sie eingesperrt halten zu *müssen*, da sie ansonsten entweichen und womöglich zu Schaden kommen oder Schaden verursachen könnten, lässt ihr Eingesperrtsein als prinzipiell „richtig" erscheinen, was jede empathische Regung, die der Gefangenhaltung von Tieren eher mit Unbehagen oder Abscheu denn mit Begeisterung begegnen würde, unterläuft. Würden Zoos tatsächlich Empathie hervorrufen, gäbe es sie längst nicht mehr.

Wirkliches Interesse am Schutz freilebender Tiere und am Erhalt ihrer natürlichen Lebensräume kann nur aufbringen, wer ein Leben in Freiheit als grundsätzlich höheren Wert erachtet als ein Leben in Gefangenschaft. Logische Konsequenz solchen Interesses kann nur sein, freilebenden Tieren ein Leben in Gefangenschaft ersparen und gefangengehaltenen Tieren ein Leben in Freiheit zurückerstatten zu wollen. Beides steht in Widerspruch zum Interesse der Zoos, mit gefangengehaltenen Tieren Geschäft zu machen. Mit allen zu Gebote stehenden Mitteln suchen Zoos insofern eine Sensibilisierung der Besucher zu *verhindern*, denen das Leid der eingesperrten Tiere gerade *nicht* ins Gewahrsein treten soll. Zunehmend werden sie in Kulissen präsentiert, die dem Besucher vorgaukeln sollen, sie befänden sich in ihren natürlichen Heimaten; auch Gitterstäbe werden, sofern irgend möglich, durch Glasscheiben oder offene Begrenzungsgräben samt versteckten Elektrozäunen ersetzt, um dem Besucher die Illusion eines „freien Lebensraumes" zu vermitteln, in dem die Tiere sich ungehindert bewegen könnten. Tatsächlich haben die gefangengehaltenen Tiere von den Kulissen überhaupt nichts, auch werden ihre Gehege dadurch nicht größer, dass sie in „zeitgemäß" ausgestatteten Zoos mit Panzerglas und Elektrozäunen statt mit Eisengittern begrenzt sind.

Die immer wieder zu hörende Behauptung, im Zoo gefangengehaltene Tiere dienten als „Botschafter ihrer Art" dem Schutz ihrer freilebenden Artgenossen, ist absurd. Tatsächlich hat die Zurschaustellung etwa des Eisbären KNUT im Berliner Zoo allenfalls die Zookasse zum Klingeln gebracht und vielleicht noch die Plüschtierindustrie angekurbelt, mit Blick auf den Schutz der Arktis und ihrer Bewohner hat sie erkennbar *nicht das Geringste* bewirkt. Ebenso wenig wurde die fortschreitende Vernichtung der afrikanischen oder indonesischen Regenwälder aufgehalten dadurch, dass seit über hundert Jahren Gorillas und Orang-Utans in Zoos zu besichtigen sind.

Zoobefürworter lassen sich davon nicht beeindrucken, unverdrossen verkünden sie, es ließen sich *gerade* anhand der in Zoos vorgehaltenen Wildtiere die Menschen über Artenschutz, die Bedrohung natürlicher Lebensräume und den Klimawandel aufklären. Falls dem so wäre, müssten sich heute zigmillionen Menschen, die als Kinder Zoos besuchten, für den Schutz der Tiere in ihren natürlichen Heimaten einsetzen; was bekanntlich aber nicht der Fall ist. Wie auch sollen Besucher die Information auf einer Tafel, dass Eisbären bis zu 30.000 Quadratkilometer große Jagdreviere durchstreifen, übereinbringen mit dem Tier, das da in stereotyp immergleicher Bewegung auf einer wenige Quadratmeter umfassenden Betonfläche hin und her geht?

Tatsächlich ist das Bildungs-Mantra der Zoos nichts als propagandistische Leerformel, mit der die Gefangenhaltung der Tiere als höherem Werte dienend verkauft werden soll. Eher noch bewirken die im Zoo zur Schau gestellten Tiere, dass die Besucher die Gefährdung der jeweiligen Art *unterschätzen*, da sie ja augenscheinlich eine rettende Arche gefunden haben.

Auch die vielerorts anzutreffenden Infotafeln mit Bildern abgeholzter Regenwälder oder auf afrikanischen Märkten angebotenen „Buschfleisches" (=Fleisch getöteter Wildtiere) regen nicht, wie behauptet, zu tierschützerischem Engagement an, vielmehr vermitteln sie den gewollten Eindruck, die Tiere seien im Zoo letztlich sehr viel besser aufgehoben als in freier Wildbahn, wo sie ihrer Lebensräume beraubt, gewildert, gejagt, getötet und sogar verzehrt werden. Der suggestive Subtext: Wir brauchen zum Wohle der Tiere noch sehr viel mehr Zoos, deren schlechteste allemal besser sind als ihre natürlichen Heimaten. Und: Ohne Zoos würden viele Tierarten aussterben oder längst ausgestorben sein.

Arche Noah

Die Behauptung der Zoos, der rapide schwindenden Artenvielfalt durch gezielten Schutz bedrohter Arten entgegenzuwirken, hält kritischer Überprüfung nicht stand. Tatsächlich verschleiern die Zoos in ihrer Argumentation, einen wesentlichen Beitrag zum Artenschutz zu leisten, den Umstand, dass von und für Zoos getätigte Wildfänge bis herauf in die 1970er wesentlich dafür verantwortlich waren, dass viele der heute bedrohten Tierarten überhaupt erst an den Rand des Aussterbens gedrängt wurden. Myriaden an Wildtieren waren seit Gründung der ersten Zoos im 19. Jahrhundert der „freien Wildbahn" Afrikas, Südamerikas und Asiens „entnommen" worden, um sie in europäische und nordamerikanische Zoos zu verschiffen. Für jedes Tier, das letztlich lebend in einem der Zoos ankam, hatten zahllose Tiere der gleichen Art beim Fang oder während des Transports ihr Leben verloren; hinzu kam die geringe Überlebensspanne der gefangengehaltenen Tiere, die steten Nachschub erforderte.

Erst mit dem *Washingtoner Artenschutzübereinkommen (CITES)* von 1973, das den bis dahin völlig unkontrollierten Handel mit Wildtieren erheblich beschränkte, wurde die rücksichtslose Ausplünderung der Natur *gerade durch die Zoos* etwas eingedämmt: Die von *CITES* erfassten etwa 5600 Tier- und Tierunterarten – 871 Säugetiere, 1468 Vögel, 719 Reptilien, 131 Amphibien, 96 Fische und 2237 Wirbellose – sind in drei Kategorien unterteilt, die dem Übereinkommen angehängt sind: 1. vom Aussterben bedrohte Tiere (673 Arten), 2. nicht unmittelbar vom Aussterben bedrohte Tiere, deren Handel indes kontrolliert werden muss, um solche Bedrohung zu verhindern (4838 Arten), und 3. Tiere, die in einem Land, das das Übereinkommen unterzeichnet hat, unter besonderen Handelsregularien stehen, und das der Zusammenarbeit mit anderen Ländern bedarf, um illegalen Handel zu unterbinden (148 Arten). Tiere der Kategorien 2 und 3 dürfen, sofern behördliche Ausfuhrgenehmigungen vorliegen, ohne weitere Auflagen international gehandelt werden; Tiere der Kategorie 1 hingegen, zu denen 323 Säugetierarten, 164 Vogel-, 85 Reptilien-, 17 Amphibien-, 16 Fisch- und 68 Arten Wirbelloser zählen, dürfen nur dann gehandelt werden, wenn behördliche Aus- *und* Einfuhrgenehmigungen vorliegen und der Handel *keinem kommerziellen Zweck* dient.

Sofern etwa der Nachweis erbracht wird, dass die Einfuhr eines Kategorie-1-Tieres zu „wissenschaftlichen Forschungszwecken" erfolgen soll, können entsprechende Genehmigungen erteilt werden und werden bis heute auch regelmäßig erteilt. Weltweit mühen sich Zoos seit Inkrafttreten der *CITES*-Bestimmungen um ein „wissenschaftliches" Erscheinungsbild, das ihnen erlaubt, von kommerziellem Handel ausgeschlossene Kategorie-1-Tiere weiterhin zu beziehen (bzw. untereinander zu makeln, zu handeln oder auszutauschen). Für dem Weltzooverband *(WAZA)* bzw. dem hierzulande tonangebenden *Verband der Zoologischen Gärten (VdZ)* angeschlossene Zoos gilt „Wissenschaftlichkeit" insofern als konstitutives Element, wobei der Beleg der „Wissenschaftlichkeit" dann schon als erbracht gilt, wenn der jeweilige Zoodirektor über eine akademische Ausbildung verfügt (bei der es sich nicht zwingend um ein biologisches oder veterinärmedizinisches Studium handeln muss: im Zweifelsfall reicht auch ein betriebswirtschaftliches bzw. eines als Bauingenieur oder Sachkundelehrer).

Tiere der Kategorien 2 und 3 können, sofern sie behördliche Ausfuhrgenehmigungen erhalten, weiterhin nach Belieben gehandelt werden, auch zu kommerziellen Zwecken; Tiere, die nicht auf der *CITES*-Liste stehen, sowieso. Offiziellen Angaben zufolge werden bis heute alljährlich Millionen nicht-gelisteter Wildtiere – Säugetiere, Vögel und Reptilien – eingeführt, überwiegend Wildfänge; für Amphibien, Fische und Wirbellose werden noch nicht einmal Importzahlen erhoben. Die Dunkelziffer ist enorm, auch mit Blick auf inoffiziell bzw. illegal eingeführte *CITES*-Tiere.

Erst als mit Inkrafttreten der *CITES*-Bestimmungen der Wildfangnachschub von Tieren bedrohter Arten einbrach – die bisher gepflogene Einfuhr über kommerzielle Tierhändler war auf legalem Wege nicht mehr möglich –, begannen die Zoos, auf mehr oder minder systematische Weise selbst für Nachschub zu sorgen: 1985 wurde aus den zunehmend unter Druck stehenden Zoos heraus ein *Europäisches Erhaltungszuchtprogramm*

(European Endangered species Programme/EEP) begründet mit dem Ziel, bedrohte Tierarten auch ohne weiteren Erwerb von Wildfängen dauerhaft mit ausreichender genetischer Diversität in den Zoos zu erhalten. Bis dahin basierten „Nachzuchten" in aller Regel auf einer Mischung aus Ahnungslosigkeit, Willkür und kommerziellem Interesse der jeweiligen Zoobetreiber, die bedenkenlos auch Inzest- und Hybridzüchtungen zuließen bzw. sogar bewusst forcierten. Jahrzehntelang wurden ganze Populationen hybrider Bären, Luchse, Muntjaks, Giraffen, Schimpansen, Orang-Utans und vieler anderer Arten gezüchtet, die es so in der Natur gar nicht gibt.

Mittlerweile gehören rund 300 europäische Großzoos diesem Programm an. Über eigene Zuchtkoordinatoren, die für je eine oder mehrere der nachzuzüchtenden Tierarten zuständig sind und entsprechende Zuchtbücher führen, werden zum Aufbau bzw. zur Aufrechterhaltung „optimaler Genpools" Verpaarungen einzelner Tiere innerhalb der angeschlossenen Zoos bestimmt. Derzeit existieren derartige Erhaltungszuchtprogramme für 190 bedrohte Tierarten, deren Individuen nach Anweisung der jeweiligen Koordinatoren zwischen den einzelnen Zoos hin- und herverpaart werden. Obwohl das von niemandem außerhalb des Zoowesens autorisierte und von niemandem überwachte *EEP* bereits seit mehr als dreißig Jahren besteht, sind bis heute weniger als 3,5 Prozent der von *CITES* erfassten Arten und weniger als 30 Prozent der Kategorie-1-Arten daran beteiligt. Nimmt man die von der *International Union for Conservation of Nature* (IUCN) geführte „Rote Liste" bedrohter Arten zum Maßstab, liegt die Quote noch weit niedriger.

Bei den aus *VdZ*-Zoos heraus koordinierten Erhaltungszuchtprogrammen handelt es sich überwiegend um publikumsattraktive Säugetierarten wie Roter Lori, Bartaffe, Drill, Dschelada, Hulman, Borneo- und Sumatra-Orang-Utan; am Erhalt weniger publikumswirksamer Arten besteht offenbar sehr viel weniger Interesse. Zudem werden, aus rein kommerziellen Gründen, auch Tiere aus Arten „nachgezüchtet", die gar nicht auf der *CITES*-Liste stehen. (Um es an dieser Stelle zu wiederholen: nur 6,4 Prozent der Zoos und zooähnlichen Einrichtungen in Deutschland – 56 von mehr als 870 – gehören dem Dachverband *VdZ* an, im Gros der anderen Einrichtungen wird ohne jede Koordination oder Kontrolle gezüchtet.)

Selbst wenn die Erhaltungszucht von ein paar wenigen Arten positiv zu werten wäre – besser wenige als gar keine –, ließe sich damit nur schwerlich die Gefangenhaltung von Tieren nicht bedrohter Arten rechtfertigen, die das Gros des Besatzes in Zoos ausmachen: Im Durchschnitt fallen nur *acht Prozent* der jeweils vorgehaltenen Arten unter die *CITES*-Kategorie 1 und werden damit gegebenenfalls Teil eines Erhaltungszuchtprogrammes, für allen anderen, sprich: für *zweiundneunzig Prozent* der gezeigten Arten kann das vielzitierte „Arche-Noah"-Argument nicht herangezogen werden, dennoch werden die jeweiligen Tiere unter diesem Vorzeichen präsentiert bzw. wird ihre Gefangenhaltung damit legitimiert.

Aber selbst für die bedrohten Arten, die über irgendwelche Zuchtprogramme bewahrt werden, ergibt die Bewahrung keinen Sinn, wenn zugleich ihre natürlichen Lebensräume unwiederbringlich zerstört werden. Wirklicher Schutz bedrohter Wildtiere kann natürlich nur darin liegen, die freie Wildbahn zu schützen, die sie hervorgebracht hat. Sollte es wirklich so sein, wie der Philosoph Dale Jamieson es formuliert, dass die Menschheit sich unaufhaltsam auf eine Welt zubewege, in der Wildtiere nur noch in Gefangenschaft überleben können, stelle sich die Frage, ob es nicht besser für sie wäre, gar nicht erst geboren zu werden, als in der künstlichen Scheinwelt eines Zoos leben zu müssen. Tatsächlich bleibt in der Debatte um den Schutz der *Arten* das Leid der eingesperrten *Individuen* völlig außer Betracht: Eine Tierart denkt und fühlt nicht und leidet auch nicht darunter zu verschwinden. Diejenigen, die leiden, sind die Wesen, die benutzt und gefangengehalten werden. Insofern kann die vage Chance auf Erhaltung einer Art niemals die Gefangenschaft der Individuen dieser Art rechtfertigen. Oder anders gefragt: Was hat ein freilebender Orang Utan davon, wenn einer seiner Artgenossen in irgendeinem Zoo sein Leben hinter Eisengittern und Panzerglas zuzubringen genötigt wird? Was hat letzterer selbst davon? Und was soll die Botschaft sein, mit der die Zoobesucher nach Hause gehen? Mit welcher Konsequenz?

Auswilderungs- oder Wiederansiedelungsprojekte sind wesentlicher Bestandteil der Zoo- bzw. *EEP*-Propaganda. Tatsächlich existieren solche Projekte nur für eine Handvoll nachgezüchteter Arten: Onager (=Wildesel), Addax-Antilope, Przewalskipferd, Alpensteinbock, Wisent, Uhu, Weißstorch, Gänsegeier und ein paar andere, sprich: für einen minimalen Prozentsatz der von *CITES* gelisteten bedrohten Arten. Die Behauptung, es gebe allein unter Beteiligung von *VdZ*-Zoos erfolgreiche oder erfolgversprechende Wiederansiedelungsprogramme für mehr als 200 Arten – weltweit soll es mehr als 400 solcher Projekte geben –, ist durch nichts belegt: Weder gibt es eine so hohe Anzahl an Programmen noch sind die tatsächlich existierenden Programme so erfolgreich oder erfolgsversprechend, wie die Öffentlichkeit glauben gemacht werden soll. (Der *VdZ* listet selbst auch nur 55 Arten auf, an denen dem Verband zugehörige Zoos beteiligt gewesen sein sollen.)

Das gleiche gilt für die paar wenigen Tierarten, die, in der Natur ausgestorben bzw. ausgerottet, unter Beteiligung der internationalen Zoo-Community überlebt haben sollen. Das Überleben genau welcher Arten welchen Zoos zugute zu schreiben sein soll, bleibt ebenso im Dunklen wie die Frage, was der Vorteil für die erhaltungs- oder rückgezüchteten Tiere sein soll, wenn sie, mehrheitlich ohne jede Chance auf Rückauswilderung, als lebende Museumsstücke in irgendeinem Zoo vor sich hinvegetieren.

Zeitbrücke

Tatsächlich behindern und blockieren Zoos wirklichen Artenschutz. Sie täuschen vor, in Zoogefangenschaft gehaltene Tierarten vor dem Aussterben bewahren zu können, wenn nur die entsprechenden Geldmittel zur Verfügung gestellt würden. Dadurch fließen hunderte von Millionen, vornehmlich an Steuergeldern, in *ex situ*-Zuchtprogramme, während in den Ursprungsländern der Tiere die Mittel für einen wirksamen Schutz der Lebensräume fehlen.

Für die überwiegende Mehrzahl in Zoos nachgezüchteter Arten ist Auswilderung weder vorgesehen noch möglich, auch wenn in der Zoopropaganda stets von einer „Zeitbrücke" die Rede ist, die die Option eröffne, Tiere zu einem späteren Zeitpunkt wieder im Freiland anzusiedeln. Die dazugehörige Behauptung, es könne die Mehrzahl der im Zoo gezüchteten Tiere ohne besondere Probleme für Wiederansiedelungen verwendet werden, ist angesichts der massiven Probleme in den wenigen bestehenden Ansiedelungsprojekten, nachgerade absurd. Als vorsätzliche Irreführung ist die Behauptung des *VdZ* zu werten, es würden die nachgezüchteten Tiere für Wiederansiedelungsprojekte bereitgehalten, wo immer es möglich und sinnvoll sei, was suggeriert, die Nachzüchtungen verfolgten keinen anderen Zweck, als Tiere in die freie Wildbahn zurückzuverbringen. Zoos züchten nicht für Auswilderung sondern für Zoos. (In den mehr als 800 nicht dem *VdZ* angehörenden Zoos und zooähnlichen Einrichtungen hierzulande gibt es *kein einziges* seriöses Auswilderungsprogramm; allenfalls werden als *greenwashing*-Aktionen ein paar überzählige Zootiere bedrohter heimischer Arten – Feldhamster, Rebhühner, Laubfrösche etc. – ins Freiland ausgesetzt.)

Tatsächlich lässt sich die Zahl der aus Zoos ausgewilderten Tiere und Arten an ein paar Händen abzählen, sie spielt im Vergleich zur Zahl der Tiere und Arten, die bis heute der freien Wildbahn entnommen werden, überhaupt keine Rolle. Wollte man überhaupt an „Erhaltungszucht" denken, wäre diese allenfalls aus Reservaten heraus sinnvoll, in denen die Tiere nicht wie in Zoos ihrer eigenständigen Überlebensfähigkeit beraubt, sondern gezielt auf ein Leben im Freiland vorbereitet würden.

Selbst wenn die Behauptung von Wiederansiedelungsprogrammen für 200 Arten zuträfe, wäre das angesichts des unumkehrbaren und überwiegend von Menschen verursachten Schwundes von bis zu 130 Tier- und Pflanzenarten *pro Tag* nur ein Tropfen auf den heißen Stein. Obgleich die Zoos also keinen nennenswerten Beitrag zum Erhalt und zur Rückgewinnung der natürlichen Artenvielfalt leisten, gerieren sie sich vollmundig als „Archen angewandten Artenschutzes". Was unter diesem Anspruch tatsächlich zu verstehen ist, zeigt sich beispielhaft am Zoo Dortmund, der sich besonderen Engagements bei der Wiederansiedelung von Wildtieren rühmt: Seit 1991 hat der dem *EEP* angeschlossene Zoo an der Auswilderung von exakt fünf Bartgeiern mitgewirkt, d. h. er hat der auf den Kanarischen Inseln ansässigen *Foundation for the Conservation of the Bearded Vulture* fünf im Zoo geschlüpfte Vögel zur Verfügung gestellt. Zum selben Zweck wurden ein paar überzählige Schleiereulen und Steinkäuze an den *Naturschutzbund Deutschland* (NABU) abgegeben. Weitere Wiederansiedelungen oder Auswilderungen, an denen der Zoo Dortmund beteiligt gewesen wäre, sind nicht bekannt.

Selbst Zoos, die nicht dem *EEP* angeschlossen sind – in Europa sind das neunzig Prozent aller Einrichtungen – profitieren von dem künstlich hochgezogenen Image, Zoos seien „moderne Arche Noahs", die zum Erhalt der Arten beitrügen. Tatsächlich wird in *allen* Zoos gezüchtet, in den meisten nur eben ohne Zuchtbuchkoordination und außerhalb jeder Kontrolle; einer besonderen Qualifikation der „Züchter" bedarf es nicht, ihre fachliche Kompetenz wird nirgendwo überprüft.

In der Regel werden in *sämtlichen* Zoos sehr viel mehr Tiere nachgezogen, als der jeweilige Zoo unterzubringen in der Lage ist. Begründet wird die unkontrollierte Vermehrung zum einen mit dem von der Natur vorgegebenen „Prinzip der Überproduktion", demzufolge immer mehr Tiere geboren werden, als später wieder zur Fortpflanzung im Sinne der Arterhaltung benötigt werden, und zum anderen mit dem „Recht" der Tiere, sich ihrem natürlichen Triebe gemäß fortzupflanzen: wollte man Schwangerschaften durch empfängnisverhütende Maßnahmen wie Hormonimplantate oder Sterilisation unterbinden, würde dies zu massiven psychischen Problemen und Verhaltensstörungen führen, weshalb solche Eingriffe, wie die Zoos verlautbaren, aus *ethischen Erwägungen [sic!]* abzulehnen seien.

Angesichts der totalen Entfremdung der gefangengehaltenen Tiere von jeder Möglichkeit, ihren natürlichen Bedürfnissen nachzukommen, nun von „Mutterglück“ zu sprechen, das ihnen nicht vorenthalten werden dürfe, ist an Zynismus kaum zu übertreffen.

Tatsächlich liegt die Nachzuchtmanie der Zoos in dem simplen Umstand begründet, dass Jungtiere jeder Art Publikumsmagneten darstellen und insofern als Garanten für Umsatz gelten: Jede Geburt, vor allem von Großsäugern, wird publicityträchtig herausgestellt, um Besucher in den Zoo zu locken.

Auch wenn Zooverantwortliche dies noch so heftig in Abrede stellen: nachgezüchtet wird in erster Linie aus Gründen der Umsatzförderung, Tier- und Artenschutz spielen dabei keine oder allenfalls eine nachrangige Rolle. Im Übrigen werden Tiere, die nicht zuchttauglich erscheinen oder nicht für Zuchtzwecke vorgesehen sind, nach Gutdünken sterilisiert oder kastriert.

Das häufig angeführte Argument, Tiere pflanzten sich nur in einer Umgebung fort, in der sie sich wohlfühlen, was auf art- und tiergerechte Unterbringung sich fortpflanzender Zootiere schließen lasse, ist faktisch falsch: Tatsächlich zeigen gefangengehaltene Tiere vielfach hospitalismusbedingte Hypersexualität, sie vermehren sich unter inadäquaten Bedingungen gegebenenfalls sogar häufiger als in freier Wildbahn; wobei erschwerend hinzukommt, dass in Gefangenschaft die sexuelle Reife oftmals verfrüht eintritt, Brunftzeiten sich verwischen und raschere Geburtenfolgen zu verzeichnen sind. Tiere, die vermindert sexuelles Verhalten zeigen und sich der Reproduktion verweigern, werden über Hormonbehandlungen oder künstliche Befruchtung dazu gezwungen. Nicht zuletzt unterschlägt das Argument, dass in Zoos geborene Jungtiere zu sehr viel höherem Prozentsatz von ihren Müttern nicht angenommenen werden als in Freiheit geborene und deshalb von Menschen „handaufgezogen“ werden müssen.

Überbevölkerung

Die provozierte Überbevölkerung in den Zoos macht es erforderlich, überzählige Jungtiere wieder loszuwerden, sobald sie ihre Aufgabe als „Kassenschlager“ erfüllt haben. Vielfach werden diese Tiere, desgleichen ausgediente Alttiere, in nicht öffentlich zugängigen Bereichen und unter völlig unzureichenden Bedingungen gehalten, bis sie über Tierhändler entsorgt werden. Diese verkaufen die Tiere in alle Welt, an Gourmetrestaurants, Privatleute, Zirkusse, Versuchslabore, Metzger, Jagdfarmen *(canned hunting)* oder auch andere Zoos. Vielfach landen die Tiere auch bei Tierpräparatoren und Trophäenherstellern.

Dass die 2003 verabschiedeten Ethik-Richtlinien des Weltzooverbandes die Vergewisserung tierabgebender Zoos verlangen, dass die „Empfängerinstitution“ über angemessene Unterbringungsmöglichkeiten und entsprechend ausgebildetes Personal verfügt, um das Wohlergehen der Tiere zu gewährleisten, kümmert niemanden. Sanktionen gegen Zoos, die diesen Vorgaben zuwiderhandeln, gibt es nicht.

Da Zoos gemäß den Bestimmungen des deutschen (ebenso wie des österreichischen und des schweizerischen) Tierschutzgesetzes keine Tiere töten dürfen – mit Ausnahme eigens gezüchteter „Futtertiere“ (Mäuse, Hamster, Kaninchen, Schafe, Ziegen etc., auch Huftiere und bestimmte Vögel) – nutzen sie den Umweg über besagte Tierhändler, um ihre überflüssigen Tiere loszuwerden.

Auch wenn dem *EEP* angeschlossene Zoos den Eindruck zu erwecken suchen, sie würden ausschließlich aus Artenschutzgründen und nur unter streng kontrollierten Bedingungen züchten, trifft das allenfalls (und nicht notwendigerweise) für jene Arten zu, die von einem der Erhaltungszuchtprogramme erfasst sind (bzw. in einem der parallel zu diesen angelegten *Europäischen Zuchtbücher [European StudBooks/ESB]* für nicht-bedrohte Arten geführt werden). Bei allen anderen Arten wird genauso unkoordiniert und unkontrolliert gezüchtet, wie dies in Nicht-*EEP*-Zoos der Fall ist. Auch hier werden umsatzfördernde Nachzuchten produziert, die letztlich entsorgt werden müssen, da kein ausreichender Platz für sie vorhanden ist. Der *VdZ* spricht sich insofern für eine rechtliche Befugnis der Zoos aus, „überzählige“ Tiere, für die sie keine Abnehmer finden, nach Bedarf und Gutdünken töten zu dürfen.

Da gemäß § 17 (1) TierSchG das Töten von Tieren nur bei Vorliegen eines „vernünftigen Grundes“ erlaubt ist, plädiert der *VdZ* dafür, die Notwendigkeit von „Bestandsregulierung“ – in betriebswirtschaftlicher Terminologie auch „Populationsmanagement“ genannt – als ebensolchen Grund für die Tötung von Zootieren nach § 42 Abs. 8 Satz 3 BNatSchG anzuerkennen. „Im Sinne einer artgemäßen Haltung der Tiere“, wie es in einem Grundsatzstatement heißt, sei die „Bereitschaft zur Tötung überzähliger Tiere ein den natürlichen Verhältnissen entsprechender, verantwortungsvoller und damit ethisch-moralisch einwandfreier Weg“. Getötete Tiere, so die Forderung des *VdZ*, sollten, wenn immer möglich – und wie in vielen europäischen Ländern Standard –, in den zoointernen Nahrungskreislauf eingebracht, sprich: an andere Tiere verfüttert werden dürfen (was die Tötung gewissermaßen doppelt rechtfertigen würde, da das Töten von „Futtertieren“ nach dem TierSchG erlaubt ist).

Ganz im Sinne des *VdZ*, gleichwohl nach geltendem Recht illegal, entledigte sich im Jahr 2008 der Zoo Magdeburg dreier „unbrauchbarer“ Sibirischer Tiger, die trotz vorgeblich strenger *EEP*-Kontrollen zur Welt gekommen waren. Die drei Tiere wurden getötet, da sie nicht die „genetische Variabilität einer Unterart“ aufwiesen, sprich: nicht „reinrassig“ und damit zuchtuntauglich waren. (Der zuständige Zoodirektor sowie drei seiner Mitarbeiter wurden in der Folge auf Grundlage von § 17 (1) TierSchG rechtskräftig verurteilt, da es bei der Tötung der Tiger an einem „vernünftigen Grund“ gefehlt habe; diese sei weder erforderlich noch angemessen gewesen. In einer Stellungnahme des Weltzooverbandes hieß es, es sei die „humane Tötung der Tigerjungen eine völlig vernünftige und wissenschaftlich haltbare Aktion“ gewesen.) In anderen Ländern ist die Entsorgung „überzähliger“ Tiere in zooeigenen Schlachthäusern durchaus erlaubt: im Zoo Kopenhagen beispielsweise wurde Anfang 2014 ein 18 Monate alter und völlig gesunder, aber „überzähliger“ bzw. nicht ins Zuchtprogramm des Zoos passender Giraffenbulle namens MARIUS vor eigens dazu eingeladenem Publikum – darunter auch Kleinkinder – getötet, zerlegt und an die hauseigenen Löwen verfüttert; die ihrerseits wenige Wochen später geschlachtet wurden, da sie das reproduktionsfähige Alter überschritten hatten und Platz machen mussten für eine neue „Zuchtgruppe“. (In manchen Zoos, allerdings außerhalb der EU, werden des höheren Schauwertes für die Besucher wegen auch lebende Tiere verfüttert.)

Die „Ethik-Grundsätze“ der *WAZA* erlauben im Übrigen nach wie vor auch Wildfänge, für die „zum Zwecke von Erhaltungszuchten, Bildungsprogrammen oder für die biologische Grundlagenforschung“ ein gerechtfertigter Bedarf bestehen könne. Es versteht sich, dass in den Zoos jährlich zigtausende „mysteriöser Todesfälle“ auftreten: das plötzliche Verschwinden einzelner Tiere, sofern es sich nicht um publikumsattraktive und insofern individuell bekannte Großsäuger handelt, fällt keinem Außenstehenden auf.

Immer wieder gelingt es Zootieren auch, aus ihren Käfigen und Gehegen auszubrechen, was mit Gefahr für Leib und Leben sowohl ihrer selbst als auch für andere Tiere und Menschen einhergeht (Angriffe, Unfälle, Infektionen etc.); hinzu kommt ein unkalkulierbares Risiko für die einheimische Biodiversität durch die Verbreitung gebietsfremder Arten (z. B. Muntjaks, Nasenbären etc.). Gemäß EU-Verordnung 1143/2014 dürfen derlei „invasive“ Arten seit 1.1.2015 nicht mehr in die EU eingeführt, dort gehalten, gezüchtet, transportiert, gekauft, verkauft, getauscht oder freigesetzt werden. Allerdings können auf nationaler Ebene für Zoos Ausnahmegenehmigungen erteilt werden. Der Bundestag hat für die deutschen Zoos insofern noch keine Entscheidung getroffen.

Sofern entkommene Zootiere nicht problemlos wieder eingefangen werden können, werden sie – vorausgesetzt, man findet sie lebend auf – in aller Regel von Zoopersonal erschossen. In jedem Revier mit „gefährlichen" Tieren (Bären, Großkatzen, Menschenaffen etc.) werden hierzu großkalibrige Waffen samt Munition bereitgehalten; die jeweiligen Revierleiter haben durchwegs einen „Jagdschein" und sind insofern schussberechtigt. (Nicht wenige Zoomitarbeiter sind tatsächlich in ihrer Freizeit als Jäger unterwegs.) Wie der Ausbruch zweier Junglöwen im Zoo Leipzig Ende September 2016 zeigte – einer davon konnte in sein Gehege zurückgetrieben werden, der andere wurde erschossen –, verfügen selbst Großzoos nicht notwendigerweise über moderne Teleinjektionsgeräte zur Verabfolgung von Betäubungsmitteln über größere Entfernung; allenfalls werden simple Blasrohre vorgehalten, die nur auf Distanzen von unter fünf Metern einigermaßen zielgenau eingesetzt werden können. Auch sogenannte *Net-Guns* – mittels Luftdruck- bzw. CO_2-Kartusche auf bis zu 30 Meter zielgenau zu verschießende und für die betroffenen Tiere völlig verletzungsfreie Fangnetze –, wie sie in jedem Tierheim und jeder Polizeidienststelle längst zur Standardausrüstung zählen, finden sich in Zoos nur in Ausnahmefällen. Im Zoo wird, wie das Beispiel eines 2015 aus seinem Käfig im Zoo Duisburg entkommenen Orang Utan oder auch das einer Anfang 2017 im Zoo Osnabrück ausgebrochenen Hybridbärin (Braunbär/Eisbär) zeigt, im Zweifelsfall *immer* scharf geschossen. (Nicht unerwähnt bleiben darf an dieser Stelle, dass heimische Wildtiere, die sich unerwünscht auf dem Zoogelände aufhalten – Wildschweine, Füchse etc. –, von Zoopersonal oder auch von eigens angeheuerten Jägern erschossen werden.)

Spendensammelkampagnen

Bezeichnend für die Farce aus Zoos heraus betriebenen „Artenschutzes" sind die seit dem Jahr 2000 vom Europäischen Zoodachverband *EAZA* durchgeführten Jahreskampagnen, in denen die Mitgliedszoos „auf bestimmte Natur- und Artenschutzprobleme aufmerksam machen und dabei Tiere aus ihrem Bestand als Botschafter einsetzen" und dabei „Geld für Freilandprojekte sammeln" sollen. Bisherige Themen waren u. a. „Tiger" (2002), „Schildkröten" (2004), „Rhinos" (2005) oder „Amphibien" (2007).

EAZA-Spendensammelkampagne, Zoo Köln 2014

Im Jahr 2011 wurde eine „Kampagne für Menschenaffen" durchgeführt, die Mittel für deren langfristigen Schutz generieren sollte. Sämtliche dem Dachverband zugehörigen europäischen Zoos nahmen an der auf zwölf Monate ausgelegten und mit umfangreichem Informations- und Werbematerial ausgestatteten Spendensammelkampagne teil. Laut Ausschreibung sollten Zoos mit besonders hohem Spendenaufkommen nach Abschluss der Kampagne mit einem werbeträchtigen „Award" ausgezeichnet werden. Der Zoo Heidelberg schaffte es, einen dieser begehrten Awards zu erringen: Es war ihm gelungen – im Rahmen der breitestangelegten Kampagne, die aus Zookreisen heraus jemals zum Schutz der Menschenaffen durchgeführt wurde –, exakt 3866 Euro zu sammeln. Er erhielt dafür einen „Bronze-Award" (den alle Zoos erhielten, die mehr als 3333 Euro gesammelt hatten). Weitere „Bronze-Awards" erhielten die Zoos Hannover, Köln, Krefeld und Landau; auch dem Zoo München wurde Bronze zuteil, der es auf immerhin 3797 Euro gebracht hatte (was bei angeblich 1,5 Millionen Besuchern pro Jahr ein Spendenaufkommen von ziemlich genau 0,25 Cent pro Besucher bedeutete). Die Zoos Duisburg und Gelsenkirchen wurden für je

10.000 Euro und der Zoo Stuttgart für 13.000 Euro mit „Gold-Awards" ausgezeichnet.

Letztlich brachten die rund 300 beteiligten europäischen Zoos innerhalb des Kampagnenjahres eine Summe von knapp 540.000 Euro zusammen (im Durchschnitt 1800 Euro pro Zoo), was die *EAZA* als „großen Erfolg" verbuchte. Nach Abschluss der Kampagne erhielten vier ausgewählte Projekte in Afrika und Asien Beträge zwischen 20.000 und 38.000 Euro zugewiesen. Wohin das restliche Geld in Höhe von 410.000 Euro geflossen ist, wurde nicht mitgeteilt. Vermutlich wurde es durch die aufwändigen Werbe- und Plakatmaterialien aufgezehrt, über die die Kampagne bekannt gemacht werden sollte.

Träfe es denn zu, dass, wie behauptet, die in Zoos eingesperrten Tiere die Zoobesucher zu erhöhtem Engagement für den Schutz deren freilebender Artgenossen anregen würden, hätte die *EAZA*-Kampagne eine ganz andere Spendenbereitschaft freisetzen müssen; oder aber die Zoos hätten das mangelnde Spendenaufkommen aus eigenen Mitteln ausgleichen müssen, anstatt irrwitzige Summen für immer neue Disneylandanlagen auszugeben: allein seit 2003 investierten die zehn größten deutschen Zoos weit mehr als 500 Millionen Euro in publikumsattraktive Neubauten; insgesamt verschlangen die deutschen Zoos im gleichen Zeitraum mehr als 1,5 Milliarden Euro.

Tatsache ist, wie das Komplettversagen der Kampagne augenfällig belegt, dass es Zoos und Zoobesuchern *gerade nicht* um die freilebenden Tiere geht, sondern um die eingesperrten. Ersteren, weil sie Geschäft mit ihnen machen, zweiteren, weil es ihnen offenbar Vergnügen bereitet, hinter Gittern und Panzerglasscheiben gefangengehaltene Tiere zu besichtigen.

Die vielkolportierte Binsenweisheit, man könne nur schützen, was man kennt, wird in der Zoopropaganda umformuliert in: „Wer Tiere kennt, wird Tiere schützen". Der Umstand, dass die eingesperrten Tiere ganz offenbar *nicht* dazu anregen, dass Menschen sich für sie oder ihre freilebenden Artgenossen engagieren, lässt den Schluss zu, dass entweder die These falsch ist oder dass man in Zoos die Tiere tatsächlich gar nicht kennenlernt. In der Tat trifft beides zu. Entgegen aller Behauptung haben die Zoos keinerlei Interesse daran, tierschützerisches Engagement bei ihren Besuchern zu wecken oder zu fördern, das möglicherweise mit unerwünschtem Engagement auch für die eingesperrten Tiere einherginge. Vielmehr fördern sie ignorantes Konsumverhalten der Besucher, das sich um die Belange der Tiere nicht schert.

Den Besuchern der Zoos werden unter dem Signet „Artenschutz“ allenfalls „Patenschaften“ für die *im jeweiligen Zoo* gehaltenen Tiere aufgedrängt, einen Aufruf oder gar eine Anleitung zu wirklichem Engagement für die bedrohte Tierwelt *außerhalb der Zoos* gibt es (mit Ausnahme lokal begrenzter Kleinprojekte) nicht.

Die vielerorts aufgestellten „Spendentrichter“ zur Unterstützung irgendwelcher *in situ*-Projekte in den Herkunftsländern der Zootiere sind reine Augenwischerei. Auch die Zoos selbst unterstützen solche Projekte nur zum Zweck der Imageaufbesserung: über einen mehr oder minder hohen Förderbetrag erhalten sie die Möglichkeit, sich werbewirksam mit dem Logo des jeweiligen Projekts bzw. der dahinterstehenden Organisation schmücken und zugleich den „Nachweis“ erbringen zu können, tatsächlich einen Beitrag zum „Tier- und Artenschutz“ zu leisten. Die Jahresberichte der einzelnen Zoos (sofern sie denn öffentlich einsehbar sind) weisen „Förderbeträge“ auf, die allenfalls im Promillebereich der hauseigenen Werbebudgets liegen. Eigenständig von Zoos unterhaltene Freiland- oder Auswilderungsprojekte, die tatsächlich als solche gelten können, lassen sich nur sehr vereinzelt finden. Die Behauptung des *VdZ*, es gebe mittlerweile „wohl Tausende von Freilandprojekten, die von Zoos durchgeführt werden, an denen sie sich beteiligen oder die sie unterstützen“, ist angesichts der geringen Beträge, die dafür aufgewandt werden, als reine *greenwashing*-Propaganda zu werten.

Tatsächlich könnten mit den Millionenbeträgen, die in den Bau und Unterhalt immer neuer Zooanlagen gesteckt werden – zu nicht unwesentlichen Teilen handelt es sich um Steuergelder –, riesige Schutzgebiete in den ursprünglichen Heimaten bedrohter Tiere ausgewiesen und damit wirklicher Artenschutz betrieben werden.

Currywurst und Wiener Schnitzel

Worin sich das in vielen Zoos angeprangerte „Bushmeat“ vom Speisenangebot der zooeigenen Restaurants und Imbissstationen unterscheidet, erschließt sich nicht. Auf die Idee, die Zoobesucher über entsprechende Information und Aufklärung dazu anzuregen, einen auf ganz persönlicher Ebene erlebbaren Beitrag zu Tier-, Natur- und Umweltschutz zu leisten und wenigstens am Tag des Zoobesuches auf den Verzehr getöteter Tiere oder aus Tierprodukten hergestellter Nahrungsmittel zu verzichten, kommt kein einziger der deutschen Zoos. Ganz im Gegenteil: das Speisenangebot in den meisten Zoorestaurants entspricht in seiner extremen Fleischlastigkeit dem einer unterdurchschnittlichen Werkskantine oder Autobahnraststätte (auch da, wo sie mit ein paar aufgestellten Palmwedeln als „Erlebnisrestaurants“ daherkommen). Vegetarische oder gar vegane Alternativen finden sich nur in Ausnahmefällen. Neben den üblichen „Currywürsten“ und „Wiener Schnitzeln“ stehen mancherorts auch Wildtiergerichte auf der Karte; im Einzelfall, wie etwa im *Zoom Gelsenkirchen*, sogar exotische Wildtiere, wie sie im Gehege ums Eck besichtigt werden können. Dass es im Zoo um alles andere geht als um Bewusstseinswandel im Interesse von Tier, Natur und Umwelt, wird nirgends deutlicher als auf der Speisekarte eines Zoorestaurants. Die Botschaft an die Zoobesucher: Tiere können im Zoo ebenso bedenkenlos begafft wie im Zoorestaurant verzehrt werden: Es sind ja nur Tiere, die zu ebendiesem Zwecke da sind.

Vielerorts wird den Zoobesuchern auf eigenen „Infotafeln“ angeraten, tunlichst auf Soja zu verzichten, mit dessen Konsum sie sich mitschuldig machten an der Zerstörung der Regenwälder und damit am Aussterben der Wildtiere, die diese bewohnen. Unterschlagen wird dabei, dass gerade einmal zwei Prozent der Weltsojaernte direkt von Menschen konsumiert, hingegen mehr als achtzig Prozent an „Nutztiere“ der Fleisch- und Milchindustrie verfüttert werden; die verbleibenden Anteile der Sojaernte gehen in die Gewinnung von Öl, mithin für die Produktion von „Biodiesel“. Zoos sorgen dafür, dass den Besuchern *gerade nicht* ins Bewusstsein tritt, wie sehr sie über ihr Konsumverhalten an der Zerstörung von Lebensräumen der vorgezeigten Tiere und damit deren Aussterben mitverantwortlich sind: Zoos halten ihre Besucher mit Vorsatz unaufgeklärt und fehlinformiert.

Wissenschaft und Forschung

Viele Zoos beschreiben sich ausdrücklich als wissenschaftsorientierte Forschungseinrichtungen. Für Zoos, die den Dachverbänden *WAZA* und *EAZA* bzw. dem *VdZ* angeschlossen sind (bzw. angeschlossen werden wollen), gilt „Wissenschaftlichkeit“ als konstitutives Element. Sie rühmen sich enger Zusammenarbeit mit Hochschulen und Universitäten, über die sie wesentliche Beiträge zum Verständnis von Fortpflanzung, Verhalten, Gruppendynamik, medizinischer Versorgung etc. der vorgehaltenen Arten lieferten. Bei näherer Hinsicht bleibt indes von diesem Anspruch nicht viel übrig. Tatsächlich richten die Zoos ihr Forschungsinteresse – sofern sie denn welches haben – in erster Linie auf zoospezifische, teils auch nur auf rein innerbetriebliche bzw. innerbetriebswirtschaftliche Belange (ganz abgesehen davon, dass sie meist gar nicht selbst forschen, sondern studentische Projekt-, Haus- oder Abschlussarbeiten, für die sie allenfalls das Studienobjekt abgeben, als Ausweis eigener Forschertätigkeit reklamieren). Mit Blick auf die vorgehaltenen Tiere bzw. Arten werden allenfalls Fragen und Probleme untersucht, die es ohne Zoos gar nicht gäbe (z. B. Zahnmissbildung bei Lemmingen, die nur in Zoogefangenschaft auftritt). Der über den Zoo hinausreichende wissenschaftliche Wert der jeweiligen Arbeiten ist in aller Regel gering.

Gleichwohl – und in streckenweise grotesker Manier – versuchen die Zoos, wissenschaftlich zu erscheinen. Die nachgerade zwanghafte Fixation auf das Etikett der „Wissenschaftlichkeit" – selbst Zoos, die noch nie eine wissenschaftliche Erhebung durchgeführt, geschweige denn: ein wissenschaftliches Papier veröffentlicht haben, beharren darauf, „wissenschaftlich" geleitet zu sein – hat zwei simple Gründe: Zum einen verschafft die Behauptung, wissenschaftliche Forschung zu betreiben, den Zoos eine Art Metalegitimierung, die sie gegen Kritik immunisiert, reine Vergnügungsparks auf Kosten eingesperrter Tiere zu sein, und zum anderen bedeutet der Betrieb eines Zoos unter dem Signet der „Wissenschaftlichkeit" die einzige Möglichkeit, Tiere bedrohter Arten aus dem Ausland zu beziehen (bzw. ins Ausland abzugeben): Tiere, die den *CITES*-Regularien unterliegen – es gelten diese Regularien sowohl für Wildfänge als auch für Gefangenschaftszuchten – dürfen über Ländergrenzen hinweg nur gehandelt, gemakelt oder von Zoos untereinander ausgetauscht werden, wenn behördliche Aus- und Einfuhrgenehmigungen vorliegen und *kein kommerzielles Interesse* damit verfolgt wird. Nur wenn der Handel „wissenschaftlichen Forschungszwecken" dient, können entsprechende Genehmigungen erteilt werden.

„Wissenschaftlich geleitete" Zoos erhalten die erforderlichen *CITES*-Papiere regelmäßig und für jedes auf dem Markt verfügliche bzw. zu veräußernde Tier. Die „Wissenschaftlichkeit" eines Zoos (des deutschsprachigen Raumes) dokumentiert sich in erster Linie über Mitgliedschaft im *Verband der Zoologischen Gärten*, der sich ausdrücklich als Zusammenschluss und Interessenvertretung der „wissenschaftlich geleiteten Zoos im deutschsprachigen Raum, sowie deren Leiter und wissenschaftlichen Mitarbeiter" versteht.

Dem *VdZ* gehören neunundsechzig Einrichtungen an, deren „Wissenschaftlichkeit" sich allerdings weniger an geleisteter wissenschaftlicher Arbeit bemisst, als vielmehr an der formalen Qualifikation des jeweiligen Führungspersonals: kann der Direktor eines Zoos ein abgeschlossenes Hochschulstudium vorweisen, gilt die von ihm geleitete Einrichtung *eo ipso* als „wissenschaftlich geleitet". Dabei ist es völlig unerheblich, ob das jeweils absolvierte Studium auch nur entfernt etwas mit „Zoo" zu tun hatte oder nicht: Zwar verfügt gut die Hälfte der im *VdZ* vertretenen Zoodirektoren über einen Abschluss in Biologie und fast ein Viertel in Veterinärmedizin, der Rest aber – mithin studierte Agrar-, Rechts-, Ingenieurs- oder Erziehungswissenschaftler – bringt qua Studium *nicht die geringste* facheinschlägige Qualifikation mit. Fast jeder fünfte *VdZ*-Zoo wird von einem zoologischen Laien geleitet – der Direktor etwa des Münchner Tierparks Hellabrunn ist studierter Bauingenieur –, gleichwohl kann *de jure* bei jedem der *VdZ*-Zoos von „wissenschaftlicher Leitung" gesprochen werden, was – und nur darum geht es – den Handel mit *CITES*-geschützten Tieren allemal als „wissenschaftlichen Forschungszwecken" dienend zu deklarieren erlaubt. Die Intention der *CITES*-Bestimmungen wird dergestalt systematisch unterlaufen: *VdZ*-Zoos können nach Belieben selbst streng geschützte Wildtiere importieren, exportieren, handeln, makeln oder mit anderen Zoos auszutauschen.

Auch wenn nur ein geringer Anteil – etwa sieben Prozent – der Zoos und zooähnlichen Einrichtungen im deutschsprachigen Raum dem *VdZ* zugehört, können doch alle von den *VdZ*-Zoos profitieren: sobald sich ein *CITES*-geschütztes Wildtier in einem der *VdZ*-Zoos befindet – egal ob importiert oder nachgezüchtet –, kann es von dort aus in jeden anderen inländischen Zoo veräußert werden: *CITES* regelt nur den internationalen Handel. Sowohl den Zoos anderer Verbände als auch den zahllosen verbandsunabhängigen Kleinzoos, die den Nachweis „wissenschaftlicher Forschung" nicht erbringen können oder wollen, eröffnet sich insofern die Möglichkeit, nach Belieben auch *CITES*-geschützte Tiere zu beziehen. Über eine Reihe mit *VdZ*-Zoos zusammenarbeitender Tierhändler ist prinzipiell für jeden Zoo jedes Tier erhältlich.

Strenge Hierarchie

Zoodirektoren sind für hunderte, wenn nicht tausende Tiere aus *hunderten grundverschiedenen Arten* verantwortlich. Ungeachtet ihrer akademischen oder sonstigen Ausbildung können sie dafür nicht ansatzweise ausreichend qualifiziert sein: Selbst ein abgeschlossenes Biologie- oder Veterinärmedizinstudium befähigt nicht zu fachgerechtem Umgang mit all den Arten und den dahinterstehenden Individuen, die in einem Zoo vertreten sind. Der Direktor des Nürnberger Zoos beispielsweise promovierte über Stoffwechselvorgänge von Steppenzwerghamstern, ist heute aber für Tiere aus 300 Arten zuständig, von Rotfeuerfischen und Kragenechsen über Hyazinth-Aras hin zu Seekühen, Nashörnern und Flachlandgorillas. Der Direktor des Kölner Zoos, verantwortlich gar für mehr als 10.000 Tiere aus 850 Arten, hat seine Abschlussarbeit über das Verhalten von Pinselzungenpapageien geschrieben.

Während die meisten Direktoren sich vor ihrer Berufung auf den Chefsessel eines Zoos über teils mehrjährige Kuratorentätigkeit wenigstens randständige Kenntnisse über die von ihnen vorgehaltenen Tiere zugelegt haben, gibt es auch Quereinsteiger, die *ohne die geringste tiergärtnerische Qualifikation oder Erfahrung* steile Zookarrieren hinlegen. Der Leipziger Zoo beispielsweise wird von einem Veterinärmediziner geleitet, der Berufserfahrung ausschließlich im Marketingmanagement eines Tierfuttermittelherstellers gesammelt hatte: Er wurde angestellt, obwohl er zuvor noch nie in einem Zoo tätig gewesen war. Er gehört dem Europäischen Zooverband *EAZA* an, dem *VdZ* sowie zahlreichen sonstigen Verbänden und Gremien; über mehrere Jahre hinweg firmierte er sogar als Präsident des Weltzooverbandes *WAZA* und zählt damit zu den einflussreichsten Figuren des internationalen Zoobusiness. Im Sommer 2013 erhielt er überdies eine Honorarprofessur für Zootierhaltung und Artenschutz an der Universität Leipzig.

Für die Leitung eines Zoos gibt es keine gesetzlichen Bestimmungen. Grundsätzlich kann ein Zoo, egal welcher Größe und welchen Tierbesatzes, von „jedermann" geleitet werden. Vielfach, vor allem in kleineren Zoos, verfügt das Führungspersonal noch nicht einmal über die formale Qualifikation eines Fachstudiums oder wenigstens einer Ausbildung zum Zootierpfleger.

Erschwerend kommt hinzu, dass Zoos in aller Regel extrem hierarchisch strukturiert sind, was den Direktoren die Möglichkeit gibt, selbst fachlich unsinnigste und durch nichts zu rechtfertigende Entscheidungen von oben herab durchzusetzen. Dass die praktisch uneingeschränkten Macht- und Entscheidungsbefugnisse, die in Zoos mit der Position des Direktors einhergehen, sich vielfach in ausgesprochen autoritärer und repressiver Amtsführung niederschlagen, nimmt nicht wunder. Selbst diktatorischstes Verhalten einzelner Direktoren wird von den Untergebenen widerspruchslos hingenommen, die als Zootierpfleger, Zootierärzte, Zoopädagogen etc. in der Regel keine anderen beruflichen Möglichkeiten haben, als eben in einem Zoo zu arbeiten, und die sich deshalb mit den Gegebenheiten abfinden bzw. den Druck nach unten hin weitergeben (wobei am Ende der Repressionskette immer die Tiere stehen, mit denen, außerhalb des Blickfeldes der Besucher, vielfach ausgesprochen roh und gefühllos umgegangen wird; immer wieder kommen auch brutalste Misshandlungen und Qualdressuren ans Tageslicht).

Auch wenn es in kleineren Zoos meist etwas „familiärer“ zugeht – viele Zoos sind tatsächlich Familienbetriebe oder werden von Liebhabervereinen unterhalten –, stehen auch sie nahezu durchgängig unter der Leitung eines autokratisch waltenden Patriarchen; flache Hierarchien oder gar Mitbestimmung der Belegschaft gibt es erkennbar nirgendwo.

Größere Zoos verfügen in aller Regel über millionenschwere Budgets, die sich nicht nur aus Eintrittsgeldern speisen – diese machen nur einen geringen Teil der Einnahmen aus –, sondern vor allem aus Subventionen, Fördermitteln, Sponsorengeldern, Spenden, Patenschaften, Nachlässen usw. Die kaum kontrollierbaren Zugriffsmöglichkeiten auf die enormen Geldmittel, die den Zoos aus unterschiedlichsten Quellen zufließen, begünstigen auf der Ebene der Entscheidungsträger Untreue, Korruption und Betrug, zumal Vorstandsmitglieder und Direktoren, einmal berufen, vielfach jahrzehntelang auf ihren Sesseln kleben (nicht zuletzt der unverhältnismäßig hohen Gehälter wegen, die sie beziehen). Immer wieder fliegen entsprechende Fälle auf. Dem Direktor eines kommunalen Großzoos etwa wurde vorgeworfen, von Baufirmen „geschmiert“ worden zu sein, um ihnen Zooaufträge zuzuschanzen. Ein anderer wurde in Haft genommen, weil er sich von im Zoo beschäftigten Handwerkern, sprich: auf Kosten der Stadtverwaltung, sein Privathaus hatte sanieren lassen. Wieder ein anderer wurde mit Schande aus dem Amt gejagt: Er hatte seine Ehefrau, eine gelernte Sekretärin, in das Amt der stellvertretenden Zoodirektorin gehievt und mit dem A15-Gehalt eines Regierungsdirektors ausgestattet, das er in gleicher Höhe auch selbst bezog; zudem hatte er über Jahre hinweg private Aufwendungen in beträchtlicher Höhe über die Zookasse abgerechnet.

Die Auflistung von Fällen der Korruption, Selbstbereicherung und Günstlingswirtschaft, von Ignoranz, Unfähigkeit, Mittelverschwendung und purer Selbstdarstellungssucht könnte endlos fortgeführt werden. Erwähnt sei insofern auch die zwanghafte Bauwut, die unter Zooverantwortlichen grassiert: Viele Direktoren, zumal die der Großzoos, scheinen getrieben, während ihrer Amtszeit ein untrennbar mit ebendieser verbundenes Prestigeprojekt durchzusetzen, wobei die Eitelkeit, den jeweiligen Amtsvorgänger oder die Direktoren anderer Zoos ausstechen und übertrumpfen zu wollen, offenbar eine nicht geringe Rolle spielt. Ein Wechsel auf dem Direktorensessel geht regelmäßig mit kostenintensivsten Um- und Neubauten auf dem Zoogelände einher, mit denen angeblich die „Fehler und jahrelangen Versäumisse“ des jeweiligen Vorgängers ausgebügelt werden müssen. Vielfach bewerben sich Anwärter auf einen vakanten Chefposten mit ausgefeilten „Masterplänen“, die sämtliche bisherigen Gepflogenheiten über den Haufen werfen und über millionenschwere Neuinvestitionen neue Besucherströme zu erschließen versprechen. Bis dato haben sich solche Investitionen *in keinem einzigen Zoo* amortisiert, und auch der seit Jahren zu beobachtende Rückgang des Besucherinteresses wurde dadurch nicht aufgehalten.

Unqualifiziertes Personal

Die pflegerische Betreuung der vorgehaltenen Tiere entspricht in *keinem Zoo* den Anforderungen, die an eine auch nur ansatzweise akzeptable Haltung von Wildtieren zu stellen sind; vielfach erfüllt sie noch nicht einmal die Vorgaben, die die Zooverbände selbst für ihre Mitgliedseinrichtungen formuliert haben.

Einer der Gründe liegt darin, dass die Zoos in aller Regel personell heillos unterbesetzt sind. Der Pflegeschlüssel, der die jedem Tier pro Tag zugestandene Durchschnittspflegezeit ausweist, bewegt sich in den meisten Zoos im Bereich zwischen 1:90 und 1:150. Im Tiergarten Straubing etwa werden die rund 1700 vorgehaltenen Tiere (aus 200 Arten) von 15 Pflegern plus 6 Auszubildenden versorgt (Stand 12/2016). Der Pflegeschlüssel liegt insofern (unter der Annahme, dass es sich um 15 Vollzeitstellen handelt und unter Berücksichtigung der Azubis als volle Arbeitskräfte) bei 1:135, was, konservativ berechnet (ohne Krankheits- bzw. sonstige Fehltage), eine durchschnittliche Brutto-Pflegezeit von dreieinhalb Minuten pro Tier und Tag bedeutet (einschließlich Futterzubereitung, Fütterung, Käfig-/Gehegereinigung, Wegezeiten etc.). Auch wenn Tiere unterschiedlicher Arten unterschiedliche Pflegeerfordernisse aufweisen und die Mithilfe von Praktikanten o.ä. nicht berücksichtigt ist, reicht die für jedes Tier veranschlagte bzw. zur Verfügung stehende Zeit in keinem Falle hin zu einer auch nur ansatzweise ernstzunehmenden Pflege; am wenigsten zu einer tragfähigen Beobachtung, wie sie erforderlich wäre, um Befindlichkeitsstörungen oder sich abzeichnende Krankheiten rechtzeitig zu erkennen. Allerdings würde auch ein erheblich verbesserter Pflegeschlüssel nicht notwendigerweise zu einer qualifizierteren Beobachtung und damit besseren Betreuung der Tiere führen: Zootierpfleger sind qua Ausbildung zu einer strukturierten Verhaltensbeobachtung schlichtweg nicht befähigt. Am wenigsten sind sie in der Lage, psychische Belastungsstörungen, wie sie in der Haltung von

Zootieren allgegenwärtig sind, zu erkennen, geschweige denn: fachlich angemessen damit umzugehen.

In Deutschland gibt es erst seit 2003 eine geregelte und staatlich anerkannte Ausbildung zum/zur Tierpfleger/in (in Österreich seit 1997, in der Schweiz seit 2000). Bis dahin war die Tätigkeit des „Tierwärters" an keinerlei formale Qualifikation gebunden gewesen. Indes kann auch eine geregelte dreijährige Ausbildung (mit Abitur verkürzt auf zwei Jahre) keine ausreichenden Kenntnisse über einen fachgerechten Umgang mit Tieren *hunderter verschiedenerArten* vermitteln. Die Auszubildenden durchlaufen zwar sämtliche „Reviere" ihres Ausbildungszoos, in der Praxis bedeutet dies aber nicht viel mehr, als dass sie für jeweils ein paar Wochen in den verschiedenen Bereichen (Affen, Fische, Huftiere, Katzen, Reptilien, Vögel etc.) Hilfs- und Putzdienste verrichten. Sie erwerben im Zuge ihrer „Ausbildung" allenfalls Grundkenntnisse in Futterzubereitung, Käfigreinigung und ordnungsgemäßer Betätigung von Schiebern. In der Tat sind Zootierpfleger die meiste Zeit des Tages mit „Karottenschnippeln", „Scheißeschippen" und „Umsperren" beschäftigt (allein die Käfig- und Gehegereinigung umfasst 70 bis 80 Prozent des täglichen Arbeitspensums). Ethik als Ausbildungsinhalt gibt es nicht.

Sensibilität und Einfühlungsvermögen werden dem angehenden Zootierpfleger systematisch ausgetrieben; letzte Reste kommen im Arbeitsalltag abhanden. Wesentlicher Bestandteil der Desensibilisierung ist die von Zootierpflegern geforderte Bereitschaft, eigenhändig sogenannte „Futtertiere" zu töten. Im Zuge ihrer Ausbildung werden sie angeleitet, eigens gezüchteten „Futtertieren" (Mäuse, Ratten, Hamster, Meerschweinchen, Kaninchen etc.) „fachgerecht" den Schädel einzuschlagen bzw. ihnen das Genick zu brechen. (Das Töten eines „Futtertieres" gilt als einem „vernünftigen Grunde" dienend, sprich: der Ernährung eines anderen Tieres, und ist insofern gemäß § 17 (1) TierSchG statthaft.)

Auch wenn die Gehälter „ausgelernter" Zootierpfleger mit durchschnittlich 1800 Euro brutto pro Monat nicht eben üppig sind, machen die Personalausgaben den mit Abstand größten Anteil in der Betriebskostenrechnung eines Zoos aus. Der Zoo Duisburg beispielsweise wendet eigenen Angaben zufolge 52 Prozent seines jährlichen Budgets für die Gehälter seiner Angestellten auf (90 Festangestellte in Voll- und Teilzeit, davon 43 Tierpfleger, sowie 30 Saisonkräfte); die restlichen 48% verteilen sich auf Abschreibungen und Baurücklagen (13%), Reparaturen an Gehegen und Anlagen (10%), Verwaltung (7%), Wasser (6%), Tierfutter (5%), Energiekosten (4%), Werbung (2%) und Tierarztkosten (1%). Viele Zoos versuchen insofern, an den Personalkosten zu sparen und drücken sowohl den Bestand als auch die Qualifikation des Pflegepersonals (und nicht etwa die teils exorbitanten Kosten für Direktoren, Kuratoren, Prokuristen, Marketingreferenten etc.) bis hart an die Grenze des eben noch Vertretbaren: In vielen Zoos werden an- oder ungelernte Hilfskräfte als „Tierpfleger“ beschäftigt, in einigen sogar mehrheitlich.

Veterinäre Schmalspurausbildung

Weit mehr noch als das Leitungs- und Tierpflegepersonal unterliegen die für und in Zoos tätigen Tierärzte dem Problem, mit Tieren so vieler grundverschiedener Arten konfrontiert zu sein, dass sie für eine angemessene Versorgung jeder einzelnen Art unmöglich ausreichend qualifiziert sein können. Selbst die postgraduale Weiterbildung zum „Fachtierarzt für Zoo-, Gehege- und Wildtiere“ kann nicht einmal ansatzweise die Befähigung vermitteln, hunderte Arten von Gliederfüßern, Fischen, Amphibien, Reptilien, Vögeln und Säugetieren kompetent zu behandeln. Gleichwohl wird genau dies von Zootierärzten verlangt, und gleichwohl behaupten diese, dies auch leisten zu können.

Der Zoo Dortmund beispielsweise, begründet im Jahre 1953, erhielt erst im Sommer 2013 eine eigene tierärztliche Station; bis dahin waren die vorgehaltenen Tiere extern versorgt worden. Wortreich betont der Zoo die vielfältigen Aufgaben des Zootierarztes: „Operationen an Groß- und Kleintieren, Narkosen mit Gasen und Narkosemitteln, Geburtshilfe, Zahnbehandlungen, Behandlungen von Knochenbrüchen und Traumata, Röntgen- und Ultraschalluntersuchungen, Labortests von Blut-, Stuhl- und sonstigen Proben, Mikroskopische Untersuchungen, Infektionsbekämpfung, Injektionen und Teleinjektionen sowie das Sezieren verstorbener Tiere.“ Zur Bewältigung der vorgenannten Aufgaben, sprich: für die medizinische Betreuung von rund 1800 Tieren aus 265 Arten, gibt es im Zoo Dortmund *eine einzige* Tierarztstelle.

Die in Deutschland in den 1950ern eingeführte Weiterbildung zum „Fachtierarzt für Zoo-, Gehege- und Wildtiere“ erstreckt sich berufsbegleitend über vier Jahre (die je nach Bundesland bei Vorliegen bestimmter Vorqualifikationen und Berufserfahrungen auf zwei Jahre reduziert werden können). In dieser Zeit, in der der angehende Fachtierarzt bereits eigenverantwortlich in einem Zoo arbeitet, erwirbt er über den Besuch von Fachkongressen oder Fachfortbildungskursen mit einer Gesamtdauer zwischen 80 (z. B. Sachsen) und 160 Stunden (z. B. Baden-Württemberg) Kenntnisse auf dem Gebiet 1. der tierärztlichen Prophylaxe im Zoo; 2. der medikamentellen Ruhigstellung einschließlich der Handhabung von Injektionswaffen und Injektionssystemen; 3. der Krankheiten und der Behandlung einschließlich der Chirurgie und Geburtshilfe (von: Menschenaffen, Affen, Halbaffen / Klein- und Großraubtieren / Meeressäugern / Elefanten / Einhufern / Paarhufern / Beuteltieren / Vögeln / Amphibien, Reptilien, Fischen) und 4. der Haltung von Zoo-, Gehege- und Wildtieren (Zoologische Grundkenntnisse / Haltung und Haltungsbedingungen / Fortpflanzung und Aufzucht / Ernährungsphysiologie und Fütterung / Tropische Tierkrankheiten). Eine Prüfung gibt es nicht, vielmehr wird lediglich der Nachweis einer wissenschaftlichen Publikation und ggf. eine Zusammenstellung einiger Fallberichte verlangt.

Als ernstzunehmende Sonderqualifikation kann das alles nicht gelten, gleichwohl decken Zootierärzte *sämtliche* Bereiche der Veterinärmedizin bei Tieren *sämtlicher* im Zoo gehaltenen Spezies ab. Angesichts des Umstandes, dass es für verschiedene Tierarten (Pferde, Rinder, Schweine, Kleintiere, Vögel, Fische etc.) eigene Facharztausbildungen gibt, die sich jeweils in verschiedene Teilgebiete gliedern (Chirurgie, Dermatologie, Innere Medizin, Kardiologie, Reproduktionsmedizin etc.) bzw. mit weiteren Spezialisierungen bzw. Zusatzbezeichnungen verbunden sind (Augenheilkunde, Zahnheilkunde etc.), und dass es darüber hinaus eigene Fachtierarztausbildungen für Klinische Laboratoriumsdiagnostik, Mikrobiologie (mit den Teilgebieten Bakteriologie und Mykologie sowie Virologie), Parasitologie, Pathologie, Pharmakologie und Toxikologie, Tierernährung und Diätetik, Tierhygiene, Epidemiologie etc. gibt, erscheint das Unterfangen, all dies in einer 80- bis 160-stündigen Schmalspurweiterbildung erlernen und dann kompetent umsetzen zu wollen, von nachgerade irrwitziger Vermessenheit. Zootierärzte dilettieren sich gewissermaßen von einem Patienten zum nächsten, wobei sie, im Gegensatz zu Humanmedizinern, für Fehldiagnosen oder Behandlungsfehler prinzipiell nicht haftbar gemacht werden können.

Erschwerend kommt hinzu, dass Zootierärzte in der Regel mit einer nicht entfernt zu bewältigenden Vielzahl an Individuen konfrontiert sind. Im Berliner Zoo etwa sind zwei Tierärzte für knapp 20.000 Tiere zuständig, was eine Brutto-Behandlungszeit von rund 10 Minuten pro Tier und Jahr bedeutet; da der zu bewältigende „Papierkrieg" laut zootierärztlicher Aussage bei bis zu 80 Prozent der Arbeitszeit liegt, reduziert sich die für jedes Tier veranschlagte Behandlungs-/Versorgungszeit auf ganze zwei Minuten pro Jahr (bzw. 10 Sekunden pro Monat). Wie allein die notwendigen Prophylaxemaßnahmen in dieser Zeit durchgeführt werden sollen (regelmäßige Impfungen sowie parasitologische und bakteriologische Kontrolle des Tierbestandes durch Kot- und Blutuntersuchung), bleibt unerschließlich; ganz zu schweigen von notwendigen Behandlungen bei Krankheit oder Verletzung. Um psychische Probleme bei den Tieren zu erkennen – Symptome von Hospitalismus etwa oder von Depression –, haben die Tierärzte weder die erforderliche Zeit noch wären sie dazu befähigt (vielfach besteht, ähnlich wie beim Leitungs- und Pflegepersonal der Zoos, noch nicht einmal entsprechendes Problembewusstsein).

In den meisten Zoos wird überhaupt kein festangestellter Tierarzt vorgehalten, vielmehr wird die Versorgung der Tiere von einem örtlich niedergelassenen Tierarzt gewissermaßen „nebenbei“ miterledigt. Bezeichnenderweise liegt der Haushaltsposten „Tierarzt“ in den einzelnen Zoos im unteren einstelligen Prozentbereich: der Zoo Duisburg etwa wendet von seinem Jahresbudget in Höhe von 7,9 Millionen Euro gerade einmal ein Prozent für die tierärztliche Betreuung der mehr als 3500 vorgehaltenen Tiere auf (zu denen mithin veterinärmedizinisch bzw. pharmakologisch intensiv zu betreuende Delfine zählen). Umgerechnet auf das einzelne Tier betragen die tiermedizinischen Ausgaben im Duisburger Zoo (einschließlich der Tierarzthonorare, der Laborkosten sowie sämtlicher Impfstoffe, Medikamente etc.) gerade einmal 6 Cent pro Tag.

Im Übrigen verfügen keineswegs alle in und für Zoos tätigen Tierärzte über eine entsprechende Facharztausbildung (die gesetzlich auch nicht vorgeschrieben ist): Jeder approbierte Tierarzt, mit oder ohne Facharztausbildung, kann und darf in einem Zoo arbeiten. Eine amtstierärztliche Kontrolle der Zoos kann allein der Betriebsgrößen wegen in ernstzunehmendem Umfange nicht stattfinden. Im Einzelfalls sind Zootierarzt und Amtstierarzt sogar ein und dieselbe Person, so dass über Verstöße gegen das Tierschutzgesetz, für dessen Einhaltung die Amtstierärzte zuständig sind, wohlwollend hinweggesehen wird: der Amtstierarzt müsste insofern ggf. gegen sich selbst ermitteln. Angezeigte Missstände werden, wenn überhaupt, nur zögerlich verfolgt. Fälle, in denen Veterinärbehörden „von sich aus“ gegen einen Zoo tätig geworden wären, sind nicht bekannt.

Ein bis zur „Vogelgrippe“-Epidemie im Winter 2016/17 kaum in öffentlichem Gewahrsein stehendes Problem der Haltung von Wildtieren in Zoos ist das für alle Beteiligten verbundene Infektionsrisiko. Sowohl das Zoopersonal (Pfleger, Tierärzte etc.) als auch die Besucher unterliegen der steten Gefahr, sich bei einem der Tiere mit einer infektiösen Krankheit anzustecken; wie umgekehrt auch die Tiere Gefahr laufen, von einem Menschen angesteckt zu werden. Ein besonders unverantwortliches Brauchtum findet sich insofern im Delfinarium des Zoos Duisburg, in dem Besuchern direkter Kontakt zu den Delfinen erlaubt ist. Bei zooorganisierten Kindergeburtstagsfeiern wird das Geburtstagskind von einem Delfin im Schlauchboot durch das Becken des Delfinariums gezogen; allein schon die hohe Belastung des Beckenwassers mit Coli-Bakterien (aufgrund der steten Defäkation der Tiere) bedeutet ein enormes Gesundheitsrisiko für die Kinder; von der Gefahr von Bissverletzungen noch gar nicht zu sprechen.

Derzeit sind etwa 200 zoonotische Erkrankungen bekannt, die, verursacht durch Viren, Bakterien, Pilze, Parasiten oder pathogene Prionen, vom Tier auf den Menschen und vom Menschen auf das Tier übertragen werden können. Ehemalige Zoomitarbeiter sprechen von immer wieder auftretenden „Seuchen“, bei denen vor allem darauf geachtet werde, dass die Öffentlichkeit nichts erfährt. Der Umstand, dass kaum ein Zoo über ausreichende Quarantäneeinrichtungen verfügt – in den meisten Einrichtungen gibt es überhaupt keine entsprechenden Vorkehrungen –, erweist sich insofern als eines der ans Kriminelle heranreichenden Versäumnisse des Zoowesens. Im Übrigen werden selbst einfachste Maßnahmen zur Vermeidung oder Eindämmung von Infektionen – Latexhandschuhe, Mundschutz, CPE-Schuhüberzieher – sträflich außer Acht gelassen, in aller Regel existieren noch nicht einmal Desinfektionsmatten vor den Käfigtüren: immer wieder kommen Tiere, vor allem Neugeborene, aufgrund der mangelnden Hygiene des Zoopersonals zu Tode.

Es passt ins Bild mangelnder Fürsorge, dass in den meisten Zoos keine oder keine ausreichende Nachtwache vorgehalten wird. Völlig auf sich gestellt sind die Tiere nachtsüber in ihren Innengehegen bzw. Schlafboxen eingesperrt, gesundheitliche oder sonstige Probleme können erst beim Morgenrundgang der Pfleger entdeckt werden; regelmäßig finden sie dabei tote Tiere vor, die möglicherweise nicht hätten sterben müssen, wenn jemand rechtzeitig Hilfe gebracht hätte. Immer wieder kommen Tiere während der Nacht auch durch äußere Einwirkungen zu Schaden, der ver- oder gemindert werden könnte, wenn es Nachtwachen gäbe (die in der Regel aus Kostengründen eingespart werden). Nicht unerwähnt bleiben darf an dieser Stelle auch, dass mangels angemessener Sicherung des Zoogeländes immer wieder Tiere entwendet werden.

Zoochosen

Je weiter die wissenschaftlichen Erkenntnisse zur Intelligenz von Tieren voranschreiten, desto auffälliger werden die Verhaltensstörungen von in Zoos gehaltenen Tieren, die sie aufgrund von Reizarmut und Langeweile ausbilden. Längst hat sich mit „Zoochose" ein eigener Fachbegriff für derlei Störungen etabliert, zusammengesetzt aus den Wörtern „Zoo" und „Psychose", als Sammelbezeichnung für gestörtes Verhalten von Zootieren, das Tiere der gleichen Art in Freiheit nicht zeigen und das insofern auf die Gefangenhaltung im Zoo zurückzuführen ist.

Zoochotische Verhaltensauffälligkeiten, so die Argumentationslinie der heutigen Zoos, wie es sie zu früheren Zeiten vielleicht gegeben haben mag, seien dank verbesserter pflegerischer und veterinärmedizinischer Betreuung und vor allem: aufgrund „kognitiver Anreicherung" der Gehege praktisch nicht mehr anzutreffen. Strukturierte Beobachtungen in heutigen Zoos zeigen ein ganz anderes Bild: In buchstäblich jedem der untersuchten Zoos fanden sich Tiere, die, in mehr oder minder ausgeprägter Form, die gesamte Bandbreite zootypischer Stresssymptome und Verhaltensstörungen aufwiesen: Bewegungsstereotypien (z. B. das zootypische „Weben" von Elefanten), Agitiertheiten, Essstörungen (Regurgitation, Koprophagie), Hyperaggressivität, Selbstmutilation, Angststörungen, Apathie etc. Es kann kein ernsthafter Zweifel mehr daran bestehen, dass die Gefangenhaltung und Zurschaustellung in Zoos die Tiere psychisch krank macht.

Tatsächlich leben Zootiere in Dauerstress. Zusammengepfercht auf ein paar Quadratmeter Käfig- oder Gehegefläche sind sie einem ständigen Hin-und-her ausgesetzt zwischen tödlicher Langeweile einerseits, die den immergleichen Alltagsablauf bestimmt und ihnen keine Möglichkeit lässt, arteigenen Bedürfnissen nachzugehen, und der Anspannung andererseits, die die Menschenmassen bedeuten, die, unstet und lärmend, sich Tag für Tag an ihnen vorüberwälzen, ohne dass sie eine Chance hätten, sich zurückziehen oder zu entfliehen. Bezeichnend ist insofern ein Vorfall aus dem Tiergarten Nürnberg, in dem Anfang Januar 2017 acht der vorgehaltenen Paviane schwere Erfrierungen erlitten: im Innengehege der Paviane sind unter beengtesten Verhältnissen mehr als 35 Tiere zusammengepfercht, die bei sozialen Konflikten keine andere Möglichkeit haben, als, ungeachtet der Außentemperaturen, ins Freie auszuweichen.

Noch nicht einmal stabile Sozialverhältnisse können die Tiere im Zoo aufbauen: Immer wieder werden gewachsene Familien- und Gruppenstrukturen auseinandergerissen, wenn nach Gutdünken irgendwelcher Zuchtko-

Im Zoo werden die Tiere psychisch krank. Tiergarten Nürnberg, 2014

ordinatoren Tiere quer durch Europa von einem Zoo in einen anderen verschubt oder untereinander ausgetauscht werden. Auch und gerade Jungtiere werden schon in frühem Kindesalter, spätestens aber mit Eintritt in die Pubertät, von ihren Familien getrennt und an andere Zoos abgegeben, ungeachtet der Frage, welche Traumatisierung das für sie bedeutet; viele zeigen ein Leben lang Symptome von Depression, Angst und/oder posttraumatischer Belastungsstörung. Nicht selten überleben Tiere den ungeheueren Stress, aus ihrem vertrauten Familienverband herausgerissen und mit fremden Tieren zwangsvergesellschaftet zu werden, nicht: trotz entsprechender Medikation erliegen sie Herzversagen, Kreislaufzusammenbrüchen etc. Die Zoos werten solche Fälle als „unerklärlich" und bestellen sich Ersatz.

Auf Kritik reagieren Zooverantwortliche mit der Phrase, man könne letztlich nie wissen, was ein Tier wirklich empfinde: Jede Interpretation von Tierverhalten stelle einen unzulässigen Anthropomorphismus dar. In der Tat ist das apodiktische Beharren darauf, dass Tieren unter keinen Umständen menschliche Eigenschaften zugeschrieben werden dürften, stets die letzte Bastion von Zoobefürwortern: Tiere, so behaupten sie, betrauern nicht den Verlust ihrer Mutter, ihrer Freiheit, ihrer Welt; sie empfinden keinen Kummer, kein Heimweh, keine Demütigung: Es sind schließlich nur Tiere. Erkenntnisse aus Kognitionsforschung, Neurowissenschaften und klinischer Psychologie, die keinen Zweifel daran lassen, dass mit Blick auf psychische Bedürfnisse bzw. psychopathologische Störungen bei menschlichen und nicht-menschlichen Säugetieren von weitgehend gleichem Erleben ausgegangen werden kann, scheinen in Zookreisen bislang nicht angekommen zu sein. Über die großen Ähnlichkeiten etwa der bei Stress betroffenen Gehirnstrukturen (z. B. Hippokampus oder hypothalamisch pituitäre Adrenalachse), die es erklärbar machen, dass viele der in Gefangenschaft lebenden Tiere posttraumatische Belastungsstörungen und/oder Symptome von Depression zeigen, wie sie unter vergleichbaren Umständen auch bei Menschen auftreten, ist dort offensichtlich nichts bekannt. In der Tat erfahren Zootierpfleger im Zuge ihrer Ausbildung zur Psychologie bzw. Psychopathologie gefangengehaltener Tiere *nichts*: weder in den Ausbildungsrahmenplänen noch den Zwischen- oder Abschlussprüfungen kommen entsprechende Begriffe vor. Es fehlt ihnen jedwede Kompetenz, psychische Probleme bei den von ihnen betreuten Tieren als solche wahrzunehmen – sofern sie ihnen überhaupt psychisches Erleben zugestehen –, geschweige denn: angemessen damit umzugehen (ganz abgesehen davon, dass ihnen zwischen Umsperren, Futterherrichten und Käfigausmisten gar keine Zeit dafür zur Verfügung stünde).

Die Folge ist, dass Zootiere oft jahrelang vor sich hinleiden, ohne dass das Pflegepersonal dies überhaupt mitbekommt. Es fällt buchstäblich nicht auf, wenn und dass es einem Tier schlecht geht, solange es normgerecht Nahrung und Wasser aufnimmt und keine *en passant* erkennbaren Verletzungen, Funktionsstörungen oder Krankheitsanzeichen aufweist. Tatsächlich kann man zu zoochotisch gestörtem Verhalten einer Vielzahl von Tierarten – Menschenaffen, Elefanten, Eisbären, Delfine etc. – und vor allem: zum dahinterstehenden psychischen Leid der jeweiligen Individuen heute sehr genaue Aussagen treffen.

Vermutlich zieht sich das Tierleid quer durch den kompletten Tierbestand in den Zoos: Je mehr Erkenntnis zur Psychologie und Psychopathologie nicht-menschlicher Tiere gewonnen wird, desto deutlicher wird die Unmöglichkeit, sie auch nur annähernd ihren Bedürfnissen entsprechend in Zoos halten zu können. Selbst eklatanteste Verhaltensauffälligkeiten bleiben oft über Jahre hinweg unbemerkt und unbehandelt. Nur bei agitiertem bzw. aggressivem Verhalten wird eingegriffen, das, selbst dem Laien unübersehbar, *ebendeshalb* medikamentös „eingestellt“ wird: Die Besucher

An Vorder- und Hinterbeinen angekettet. Tierpark Friedrichsfelde, 2015

sollen keine „überdrehten“ Tiere zu sehen bekommen und schon gar keine, die einander attackieren. Auch Angriffe gegen Besucher sollen tunlichst vermieden werden.

Sofern „aggressive“ Tiere nicht isoliert bzw. „hinter den Kulissen“ verwahrt werden können und Kastrieren keine Option darstellt (weil sie womöglich zu „Zuchtzwecken“ gebraucht werden), werden sie „ruhiggestellt“: Zootierärzte verschreiben insofern massenhaft Psychopharmaka. In vielen Futterküchen lagern teils riesige Mengen an Diazepam (=Valium o. ä.) und/oder anderen Tranquilizern, die von den Pflegern nach Gutdünken, sprich: ohne tierärztliche Einzelfallverordnung – nur in den wenigsten Zoos gibt es festangestellte bzw. residente Veterinäre –, verabfolgt werden. Während der kalten Jahreszeit, in der die Tiere über Monate hinweg auf die teils extrem beengten Innenräume beschränkt sind, wird ihnen zur Dämpfung von Spannungs- und Erregungszuständen Diazepam verabreicht; mancherorts werden auch Neuroleptika (Haloperidol o. ä.) und/oder Hormonpräparate (Tardastrex o. ä.) eingesetzt. Von korrekter Buchführung über den Verbrauch der verschreibungspflichtigen Medikamente kann keineswegs in allen Zoos die Rede sein. Vielfach, gerade in kleineren Zoos, wird überhaupt kein Medikamentenbuch geführt bzw. keine ernstzunehmende Kontrolle ausgeübt.

Seitens der Zoos wurde der Einsatz von Psychopharmaka seit je und mit Nachdruck bestritten. Im Jahre 2011 allerdings gelang es der international tätigen *Whale and Dolphin Conservation Society* (WDCS), den Tiergarten Nürnberg zu überführen: Nach jahrelangem juristischem Tauziehen wurde ein höchstrichterlicher Beschluss erwirkt, der den Zoo verpflichtete, Einblick nehmen zu lassen in die bis dahin streng unter Verschluss gehaltene Medikation seiner Delfine. Es stellte sich heraus, dass (im offengelegten Zeitraum der zurückliegenden fünf Jahre) den Tieren immer wieder und in teils immensen Dosen Diazepam verabfolgt worden war; dazu wurden sie fortlaufend mit Antibiotika, Antimykotika, Hormonpräparaten, Immunstimulantia, Präparaten gegen Magen-/Darmgeschwüre, Schmerzmitteln und unzähligen anderen Medikamenten behandelt, was darauf hindeutet, dass sie, entgegen aller Behauptungen des Zoos, psychisch und körperlich schwer krank sind. Mittlerweile haben mehrere Zoos den Einsatz von Psychopharmaka eingeräumt.

Die vielkolportierte Behauptung, Tiere vieler Arten erreichten heute im Zoo ein höheres Lebensalter als freilebende Artgenossen, ist durchaus zutreffend: Wie eine entsprechende Langzeitstudie von Morgan Tidière et al. von 2016 zeigte, leben rund achtzig Prozent der untersuchten (Säugetier-) Arten – darunter Kaffernbüffel, Rentiere, Zebras, Biber sowie sämtliche der untersuchten Raubtierarten – im Zoo durchschnittlich länger als in der Wildbahn. Zugleich aber sagt die Studie *per se* nichts aus über die Art- bzw. Tiergerechtigkeit der Haltungsbedingungen in den jeweiligen Zoos. Sie bestätigt allenfalls die Annahme, dass Tiere, die im Zoo den Gefährdungen des Lebens in freier Wildbahn nicht ausgesetzt sind – Beutegreifer, Futter-/Wasserknappheit, raue Klimabedingungen, starke Konkurrenz – und zudem präventive wie auch kurative medizinische Betreuung erhalten, weniger gefährdet sind und daher eine höhere Überlebenschance mit durchschnittlich höherer Lebenserwartung haben. Ohne jede Aussagekraft sind insofern die jeweils vielbejubelten Altersrekorde, die einzelne Tiere in Zoos erreichen.

Die ethisch bedeutsame Frage, ob eine gegebenenfalls höhere Lebenserwartung im Zoo eine lebenslange Gefangenhaltung rechtfertigt oder nicht, wird in der Studie nicht gestellt und daher auch nicht beantwortet. Gleichwohl machen die AutorInnen darauf aufmerksam, dass in Zoos gefangengehaltene Raubtiere zwar eine erhöhte Lebenserwartung aufwiesen, dafür aber anfälliger seien für Verhaltensstörungen. Im Übrigen deuten die erhobenen Daten darauf hin, dass der speziesspezifische Lebensrhythmus der jeweiligen Tierart erheblich das Ausmaß des lebenserwartungserhöhenden Vorteiles beeinflusst, den eine Art von der Gefangenschaftshaltung im Zoo haben mag. Tiere mit einem langsamer verlaufenden Lebensrhythmus – höheres Lebensalter bei der ersten Reproduktion, längere Schwangerschaften, geringere Reproduktionsraten und geringere jährliche Sterblichkeit (wie etwa Primaten) – profitieren mit Blick auf höhere Lebenserwartung weniger von der Gefangenschaftshaltung im Zoo oder weisen gar eine geringere Lebenserwartung auf. Und dies trotz fortlaufender Verabfolgung von Antibiotika, Analgetika, Psychopharmaka etc.

Tatsächlich verlieren Zoos jährlich ein Fünftel bis ein Viertel ihrer Tierbestände. Theoretisch könnten sämtliche zoologischen Gärten dieser Welt in vier bis fünf Jahren geschlossen werden, wenn konsequent auf Nachzucht und Neuimport verzichtet würde; nur ein paar wenige Veteranen blieben über, die in ausgewählten und zu *Sanctuaries* umgewandelten Zoos untergebracht werden könnten.

Behavioral Enrichment

Vor dem Hintergrund zunehmender Kritik an den Haltungsbedingungen von Zootieren wurde Ende der 1990er in den USA das Konzept des sogenannten „Behavioral Enrichment“ entwickelt, das Ideen vorstellte, wie der Langeweile der Tiere (bzw. dem für Besucher unattraktiven Anblick sich langweilender Tiere) durch „Anreicherung“ der Käfige und Gehege entgegengewirkt werden könne.

Auch hierzulande werden seit geraumer Zeit Vorkehrungen getroffen, die Haltungsbedingungen der Tiere abwechslungsreicher und damit anregender zu gestalten. Es geht dabei um Anreicherung 1. des physischen Lebensraumes, so dass die Tiere zu körperlicher Betätigung angeregt werden; 2. der sozialen Kontaktmöglichkeiten, so dass das Verhaltensrepertoire der Tiere erweitert wird; und 3. der Spiel- und Beschäftigungsmöglichkeiten, so dass die Tiere kognitive Anregung erfahren. In der Praxis findet das „Enrichment“ allerdings nur bei ein paar wenigen Tierarten statt (Menschenaffen, Elefanten, Großkatzen etc.), die meisten Tiere werden wie seit je in viel zu kleinen und keinerlei Anregung bietenden Käfigen gehalten, vielerorts immer noch auf nacktem Beton oder in vollverkachelten Betonbunkern. Das „Enrichment“ des Lebensraumes beschränkt sich in aller Regel

Lebensraumanreicherung mit aufgehängter Plastiktonne. Zoo Wuppertal, 2014

auf die Ausstattung der Gehege mit Totholzstämmen, Gerüsten aus Holz oder Stahlrohr, erhöhten Podesten, aufgehängten LKW-Reifen oder Plastiktonnen etc.; die Bereicherung des sozialen Verhaltensrepertoires besteht darin, Tiere verschiedener Spezies in ein und demselben Gehege zusammenzusperren. Vielfach nehmen die dergestalt „vergesellschafteten" Tiere, deren Lebenswege sich in freier Wildbahn nie kreuzen würden, keinerlei Notiz voneinander. Der Vorteil solcher „Vergesellschaftung" liegt in erster Linie im Blick der Besucher, die ein „lebendigeres" und damit „attraktiveres" Bild zu sehen bekommen. Zu kognitiver Anregung werden den Tieren ausrangierte Decken, Fußbälle, Gummistiefel etc. zur Verfügung gestellt.

Während es grundsätzlich zu begrüßen ist, wenn gefangengehaltene Tiere Spiel- und Beschäftigungsmaterial erhalten, das ihnen vielleicht ein wenig Abwechslung in die ansonsten tödliche Langeweile des Zooalltags zu bringen vermag, ist der Effekt, der damit erzielt wird, in der Regel nicht eben nachhaltig: das Spielmaterial liegt meist schon nach kurzer Zeit unbeachtet auf dem Boden herum, suggeriert aber dem Besucher ausreichende Beschäftigung der Tiere.

Auch die in vielen Zoos veranstalteten Dressurshows – vor allem Elefanten, aber auch marine Säugetiere (Robben, Seelöwen, Delfine etc.) und Greifvögel (Falken, Adler, Eulen etc.) werden zu den oftmals zirzensich vorgeführten Darbietungen herangezogen – werden als Beiträge zum körperlichen und kognitven „Enrichment" der Tiere ausgewiesen. Nicht selten werden die Tiere hierbei bis heute durch Einschüchterung und/oder das Zufügen von Schmerz – Stichwort: Elefantenhaken – botmäßig gemacht.

Selbst die mancherorts durchgeführten „Medical- and Husbandry-Trainings", bei denen Tiere bestimmter Arten (vor allem Menschenaffen, Bären und Elefanten) über operante Konditionierung („Klickertraining") lernen, auf Kommando am Gehegegitter einzelne Körperteile zu präsentieren (zu Untersuchungs- oder Pflegezwecken bzw. zur Blutabnahme), werden vielfach dem „Behavioral Enrichment" zugerechnet, auch wenn das Training ausschließlich der medizinischen oder sonstig pflegerischen Versorgung der Tiere dient, die insofern nicht bei jeder Maßnahme in Narkose gelegt werden müssen.

Vielfach besteht das „Behavioral Enrichment" in nichts anderem, als dass die Pfleger das auszureichende Futter im Gehege verteilen oder verstecken, so dass die Tiere es sich selbst zusammensuchen müssen. Für sonstige Maßnahmen der Verhaltensanreicherung fehlt dem Pflegepersonal schlicht die Zeit: die vielzitierten „Futterhölzer" oder zusammengeschnürte „Futterpäckchen" aus Jute o. ä. gibt es nur in wenigen Zoos und nur für wenige Tierarten, präpariert in der Regel von Praktikanten oder sonstig freiwilligen Helfern.

Zweifelhaftes Vergnügen

Die vierte Säule, auf der einschlägigen Verlautbarungen zufolge ein moderner Zoo beruhe, sei die der „Erholung". Die erste und vornehmste Aufgabe eines zoologischen Gartens, so der *VdZ*, bestehe darin, für ein breites Großstadtpublikum als Erholungsraum zu dienen.

Der Einwand gegen das Argument, Zoos dienten der Erholung stressgeplagter und naturentfremdeter Großstädter, was ihre Existenz nicht nur rechtfertige sondern dringend erforderlich mache, kann kurz ausfallen: Während es jedem Menschen unbenommen ist, seine Freizeit zu gestalten und Erholung zu suchen, wo und wie immer es ihm beliebt – selbst absurdeste Freizeitaktivitäten sind insofern völlig legitim –, stößt diese Freiheit an ihre Grenzen, wenn Mensch, Tier oder Natur dabei beeinträchtigt oder

Trostloser Betonbunker. Zoo Frankfurt am Main, 2016

geschädigt werden. So ist ein Großteil des sogenannten „Sports" – Boxkämpfe, Autorennen, Reitsport etc. – ethisch nicht vertretbar, egal ob man aktiv daran teilnimmt oder nur als Zuschauer.

Ethisch gänzlich unvertretbar ist auch und insbesondere der Besuch eines Zoos, dessen Kosten immer von den vorgehaltenen Tieren zu tragen sind: Dem kurzen Moment, den der Besucher vor einem Käfig steht und das darin eingesperrte Tier besichtigt, stehen Jahre und Jahrzehnte entgegen, die dieses Tier in ebendiesem Käfig zuzubringen hat. Das zweifelhafte Vergnügen, Tiere in rundum vergitterten Betonbunkern begaffen zu können, bezahlen nicht die Besucher mit dem Kauf ihres Eintrittsbilletts, sondern die Tiere mit ihrem Leben.

Auch wenn viele Menschen den Besuch eines Zoos als Freizeitvergnügen empfinden, das sie nicht missen und das sie ihren Kindern nicht vorenthalten wollen, ist die lebenslange Gefangenhaltung leidensfähiger Individuen damit nicht zu rechtfertigen, ebensowenig wie Parforcejagden, Stierkämpfe oder Rodeos damit zu rechtfertigen sind, dass es immer noch Menschen gibt, die Vergnügen an derlei Tierqualveranstaltungen haben.

4. Haben Zoos eine Zukunft?

Machen wir uns nichts vor: Zoologische Gärten sind Schauveranstaltungen auf Kosten der tierischen Zwangsdarsteller.

Volker Sommer, 2013

Zoos haben sich zu Beginn des 21. Jahrhunderts ebenso überlebt, wie die Völkerschauen des ausgehenden 19. und frühen 20. Jahrhunderts, bei denen in Zoos, Zirkussen, Varietés und auf Rummelplätzen sogenannte „wilde Menschen" ausgestellt wurden. Allein im Hamburger Tierpark *Hagenbeck* fanden ab 1874 mehr als sechzig derartiger „Völkerschauen" mit eigens importierten Lappländern, Somaliern, Patagoniern, Nubiern, Singhalesen, Inuit u.v.a. statt. Auch andere Zoos führten bis in die 1930er Jahre hinein entsprechende Sonderdarbietungen, im Volksmund als „Kanaken-", „Hottentotten-" oder „Negerschauen" bezeichnet, im Programm.

Heute ist derlei Zurschaustellung von Menschen in Zoos oder Menagerien, wie sie vor hundert Jahren noch als völlig normal galt, völlig unvorstellbar geworden und wird durch entsprechende Menschenrechtskonventionen kategorisch ausgeschlossen. Bei Tieren hingegen ist das prinzipiell anders: Obgleich, wie die moderne Kognitionsforschung zeigt, Tiere über kognitive, soziale und kommunikative Fähigkeiten verfügen, die sich von denen des Menschen allenfalls graduell unterscheiden und sie Emotionen – Freude, Trauer, Leid und Schmerz – in der gleichen Bandbreite empfinden wie dieser, werden sie bis heute hinter Eisengittern, Elektrozäunen und Panzerglasscheiben gefangengehalten, schutzlos dem Gaffbedürfnis der Menschen ausgesetzt.

Gleichwohl seit Mitte der 1970er ein deutlicher Strukturwandel in den Zoos zu beobachten ist und mit enormem Aufwand neue, vermeintlich „artgerechtere" Käfig- und Gehegeanlagen erstellt wurden – allein seit 2003 wurden in deutschen Zoos mehr als 1,5 Milliarden Euro verbaut –, nehmen die Besucherzahlen kontinuierlich ab. Noch nicht einmal die vielerorts eingerichteten Amusementpark- oder Disneylandelemente konnten und können den Schwund des Besucherinteresses aufhalten. Ganz offenbar finden immer weniger Menschen Gefallen daran, ihrer Freiheit und Würde beraubte Tiere zu besichtigen.

Manipulierte Besucherzahlen

Kaum ein Zoo des deutschsprachigen Raumes wirtschaftet kostendeckend. Zoos sind für ihren Fortbestand auf Sponsorengelder wie auch auf Dauersubvention aus Steuermitteln angewiesen. Es nimmt deshalb nicht wunder, dass sie, um ihre gesellschaftliche Bedeutung zu dokumentieren, mit geschönten, um nicht zu sagen: vorsätzlich gefälschten Besucherzahlen operieren, um den tatsächlichen Niedergang des Besucherinteresses zu kaschieren.

Der *Verband der Zoologischen Gärten* (*VdZ*) behauptet fortgesetzt, allein die deutschen Zoos zögen Jahr für Jahr rund 65 Millionen Besucher an, eine Behauptung, die Medien jeder Coleur ohne seriöse Gegenrecherche übernehmen und verbreiten; vielfach ist sogar von steigender Tendenz die Rede. Tatsächlich haben die *VdZ*-Berechnungen einen geflissentlich übersehenen Haken: viele Menschen besuchen ein und denselben Zoo per Dauerkarte mehrfach pro Jahr, manche kommen regelmäßig jede Woche (oder gar täglich!) und/oder suchen reihum verschiedene Zoos auf, so dass die Zahl zoobesuchender Menschen tatsächlich nur einen Bruchteil der Zahl registrierter Zoobesuche ausmacht: Statten von den behaupteten 65 Millionen Besuchern pro Jahr nur fünf Prozent monatlich einen Zoobesuch ab – eine konservative Schätzung –, verringert sich die Zahl der Menschen, die jährlich Zoos besuchen, schlagartig um mehr als die Hälfte. (Tatsächlich erwerben durchschnittlich acht Prozent der Besucher Jahreskarten für mehrfachen Besuch ein und desselben Zoos.)

Dass die Besucherzahlen der einzelnen Zoos künstlich nach oben manipuliert werden, stellte der *VdZ*-Mitgliedszoo Zürich Anfang 2014 – unfreiwillig – unter Beweis. Im Bericht für das Vorjahr wurde der neugestaltete Eingangsbereich samt elektronischem Zugangssystem hervorgehoben, das die Zahl der Zoobesucher exakt zu erfassen erlaubt. Bis dahin waren die Zahlen aus den verkauften Tages- und Jahrestickets über einen vom *VdZ* vorgegebenen Multiplikationsfaktor hochgerechnet worden. Nach dieser dubiosen, seit Jahren aber in *VdZ*-Zoos üblichen Berechnung hätte der Zoo Zürich im Geschäftsjahr 2013 genau 2.003.043 Besucher ausgewiesen, was in ebendieser Höhe und weiter nicht hinterfragt in die *VdZ*-Statistik eingeflossen wäre. Tatsächlich aber zählte das elektronische Zugangssystem nur 1.079.919 Besucher, knapp 55 Prozent der hochgerechneten Zahl. Fast eine Million Besucher waren frei dazuhalluziniert worden. Vor dem Hintergrund zunehmender Kritik an den unseriösen Berechnungen musste Ende 2015 auch der dem *VdZ* zugehörige Zoo Münster zugeben, jahre- und jahrzehn-

Artgerechte Haltung? Zoo Münster, 2017

telang die Besucherzahlen nach oben manipuliert zu haben. Obgleich nach wie vor Mehrfachbesucher nicht herausgerechnet wurden, sprich: die Zahl registrierter *Besuche* als Zahl von *Besuchern* gewertet wurde, musste der Zoo einräumen, dass es anstatt der werbewirksam angegebenen 947.730 Besuche(r) im Jahre 2014 – der verantwortliche Zoodirektor sprach gar von über einer Million – tatsächlich rund 330.000 Besuche(r) weniger gegeben hatte als behauptet. Hätte man die jährlichen Mehrfachbesuche ein und derselben Personen herausgerechnet, wäre eine noch sehr viel geringere Zahl herausgekommen; sie dürfte im Geschäftsjahr 2016, für das der Zoo Münster 615.000 elektronisch ermittelte Einlässe auswies – angeblich seien die Zahlen seit 2014 weitgehend konstant geblieben –, bei allenfalls 155.000 bis 200.000 Personen gelegen haben. Zöge man auch noch die Kindergartengruppen und Schulklassen ab, die regelmäßig zum kollektiven Zoobesuch verpflichtet werden, desgleichen die verteilten Freikarten, sähe es für die Zoobilanz noch düsterer aus. Zoos sind keineswegs (mehr) so populär, wie die Betreiber gerne behaupten. Um eben den schleichenden Niedergang des Interesses an Zoos zu verschleiern – immer weniger

Menschen wollen eingesperrte Tiere besichtigen –, bedienten die einzelnen Zoos sich jahrzehntelang des dubiosen *VdZ*-Hochrechnungsschlüssels, der *immer* viel zu hohe Besucherzahlen auswies. (2016 riet der *VdZ* seinen Mitgliedszoos an, Besuchszahlen künftig nicht mehr über Hochrechnung sondern über konkrete Einlasszählung zu ermitteln. Da der *VdZ* allerdings nur knapp sieben Prozent der Zoos im deutschsprachigen Raum vertritt, sind korrekte Angaben zu den Besucherzahlen bei der großen Mehrzahl der Einrichtungen selbst dann nicht gewährleistet, wenn alle *VdZ*-Zoos – was keineswegs der Fall ist – den Empfehlungen des Dachverbandes Folge leisteten.)

Wie eine Ende 2015 veröffentlichte Repräsentativumfrage des renommierten Meinungsforschungsinstituts *YouGov* ergab, finden 49 Prozent der Deutschen die Haltung exotischer Tiere im Zoo moralisch nicht in Ordnung (nur 37 Prozent sind damit einverstanden, 14 Prozent haben keine Meinung). Im Vergleich zu früheren Umfragen zeigt sich, dass die Akzeptanz von Exotenhaltung in Zoos kontinuierlich abnimmt.

Die immer wieder vorgetragene Behauptung, Zoos seien wichtige Attraktionsfaktoren für eine Stadt oder Region, die über Umwegrentabilität – Stärkung von Einzelhandel, Hotel- und Gaststättengewerbe – die ihnen zuteil werdende Subventionierung rechtfertigten, ist falsch: Aus tourismuspolitischer Sicht machen Zoos, selbst wenn die künstlich hochgezogenen Besucherzahlen des *VdZ* zugrunde gelegt werden, nachweislich keinen Sinn. Gleichwohl werden sie von Kommunal- und Landespolitikern über das Argument der Umwegrentabilität mit Zigmillionenbeträgen aus Steuergeldern gefördert.

Sheridan-Studie

Erwähnt sei an dieser Stelle eine fortlaufend aktualisierte Bewertung europäischer (Groß-)Zoos durch den britischen „Zooexperten“ Anthony Sheridan. Dessen seit 2008 im Zweijahresrhythmus vorgelegte sogenannte „Sheridan-Studie“ – die aktuellste Version erschien 2016 – gilt sowohl den Zoos selbst als auch den jeweiligen Entscheidungsträgern und Geldgebern als wichtiger Gradmesser für den Marktwert der jeweiligen Einrichtung. Bei Lichte besehen bietet die „Studie“ Sheridans neben allerlei Zoo-Trivia allerdings nicht viel mehr als ein paar selbstkonzipierte Ranglisten, in die 124 Zoos aus 28 europäischen Ländern (darunter 37 aus dem deutschsprachigen Raum) eingeordnet werden. Diese Ranglisten beruhen zu größten

Teilen auf nicht überprüfbaren Angaben der bewerteten Zoos selbst sowie der Dachverbände, denen sie zugehören (*VdZ, WAZA, EAZA* usw.). Überwiegend ergeben sie sich aus der Bewertung der (angeblichen) Besucherzahlen, den (angeblichen) Bemühungen um Bildung und Artenschutz sowie Fragen zu Wirtschaft und Organisation. Auf die jeweils vorgehaltenen Tiere bezogene Aspekte (Unterbringung, Gesundheit, Beschäftigung etc.) kommen überhaupt nicht vor. Bezeichnend ist insofern, dass der bekennende Zoobefürworter Sheridan von Zoobetreibern als „Zooexperte" angepriesen und hofiert wird, gleichwohl er von seiner beruflichen Qualifikation her – er hält einen BEc (= Bachelor of Economics = akademische Grundausbildung in Volkswirtschaftslehre) und war ein Berufsleben lang in der Elektroindustrie tätig – nicht einmal entfernt etwas mit dem Zoowesen zu tun hat. Seine „Zoo-Expertisen" sind Hobbybeschäftigung eines Berufsrentners.

Nicht viel aussagekräftiger – wenngleich publikumswirksam herausgestellt – sind Auszeichnungen einzelner Zoos durch online-Kundenportale. Der „Erlebnis-Zoo Hannover" beispielsweise erhielt zwischen 2005 und 2014 in der Kategorie „Bester Zoo" sechsmal den sogenannten „Parkscout Publikums Award", der von den Lesern des online-Magazins *parkscout.de* vergeben wird und als eine der wichtigsten Auszeichnungen der Freizeitbranche gilt. (Interessant ist dabei, dass das Magazin *parkscout.de* zugleich Herausgeber des Freizeitführers „Erlebnis-Zoo Hannover" ist, der vom „Erlebnis-Zoo Hannover" vertrieben wird.) Ähnliches gilt für Bewertungsportale wie *tripadvisor.de* oder *servicevalue.de*, die jährlich den sogenannten „Traveller's Choice Award" bzw. die Auszeichnung „Deutschlands familienfreundlichster Zoo" verleihen.

Was tun?

Zoos können nicht „von heute auf morgen" geschlossen werden. Es wird vermutlich noch Jahre und Jahrzehnte dauern, bis ausreichend öffentliches Bewusstsein geschaffen ist für das schreiende Unrecht, das es bedeutet, Tiere ein Leben lang hinter Eisengitter und Panzerglas einzusperren.

Solange die „Vier-Säulen"-Propaganda der Zoos verfängt und die als Tiergärten bezeichneten Tiergefängnisse gemeinhin als Einrichtungen angewandten Artenschutzes gesehen werden, in denen naturentfremdete Großstädter Bildung und Erholung erfahren und die zudem wissenschaftlicher Forschung im Interesse der Tiere dienen, wird sich an der gegen-

Zoo der Zukunft? Das 2013 eröffnete „Menschenaffenhaus" im Wilhelma-Zoo Stuttgart

wärtigen Situation nicht viel ändern: Es werden weiterhin – *gerade* zur Kompensation des schwindenden Besucherinteresses, sprich: zur Rück- oder Neugewinnung von Besuchern – Unsummen in die Steigerung der Publikumsattraktivität der einzelnen Einrichtungen gesteckt, Gelder, mit denen in den Herkunftsländern der vorgehaltenen Tiere wirklicher Tier- und Artenschutz geleistet werden könnte. Die 22 Millionen Euro etwa, die der Bau des 2013 eröffneten neuen Menschenaffenhauses im Stuttgarter Zoo verschlungen hat, entsprechen ziemlich genau jenem Betrag, den die UN als erforderliche Sofortnothilfe beziffert hat, um zur Rettung der akut vom Aussterben bedrohten Großaffen Schutzgebiete in ihren natürlichen Heimaten auszuweisen, in denen die jeweiligen Populationen sich stabilisieren und ggf. wieder anwachsen könnten. Von der Verwahrung einiger weniger Gorillas und Bonobos in einem tristen (und für die Unterbringung von Menschenaffen völlig ungeeigneten) Betonbunker in Stuttgart haben die bedrohten Arten überhaupt nichts; die auf Lebenszeit in Stuttgart eingesperrten Individuen erst recht nicht. (Aufgrund eklatanter Mängel im Belüftungssystem kamen überdies kurz nach der Eröffnung der Anlage mehrere Bonobos zu Tode.)

Noch deutlicher wird der Irrwitz verschwendeter Steuergelder etwa beim Zoo Hannover: der Mitte der 1990er unmittelbar vor der Pleite stehende kommunale Großzoo wurde im Zuge bzw. Gefolge der „Expo 2000“ mit einem Investitionsvolumen von 112 Millionen Euro zu einem „Erlebniszoo“ umgerüstet; gleichwohl die Besucherzahlen weit hinter den Erwartungen zurückblieben und nicht im Traum daran zu denken ist, dass sich die Kosten je amortisieren, sollen bis 2025 weitere 71 Millionen Euro verbaut werden. Insgesamt wurde in den deutschen Zoos seit der Jahrtausendwende mehr als eine Milliarde Euro verbaut, finanziert überwiegend aus öffentlichen Mitteln.

Die Forderung nach Beendigung aller Zoogefangenschaften bedeutet nicht, dass alle Zootiere sofort freigelassen werden müssten: in Gefangenschaft geborene oder seit langer Zeit in Gefangenschaft lebende Tiere hätten größtenteils keine Überlebenschance in freier Wildbahn. In der Tat lässt sich das Unrecht, Tiere in Zoos gefangenzuhalten, vielfach nicht zurücknehmen oder auflösen. Vielmehr muss dafür gesorgt werden, dass in den Fällen, in denen Rückverbringung in ihre natürlichen Heimaten nicht möglich ist (weil sie dort nicht überlebensfähig wären oder weil es diese vielleicht gar nicht mehr gibt), sie die *bestmöglichen Lebensbedingungen* in menschlichem Gewahrsam erhalten. Zoos müssen verpflichtet werden, Mindeststandards, wie sie etwa in o.a. Säugetiergutachten formuliert sind (bzw. für sonstige Tierarten festzulegen wären), einzuhalten und die Unterbringung der Tiere an deren Interessen (und nicht wie bislang an den eigenen oder denen der Besucher) auszurichten. Wo entsprechende Besserung nicht möglich ist oder nicht umgesetzt wird, ist für eine Schließung der jeweiligen Anlagen zu sorgen. Selbstredend ist jede „Nachzucht“ in Zoos einzustellen, die nur weitere Leidtragende hinter Gittern hervorbringt; desgleichen das unnötige Auseinanderreißen gewachsener Familienverbände. (Bis zur letztgültigen Schließung der Zoos und gegebenenfalls darüber hinaus könnte die zu großen Teilen aus öffentlichen Mitteln erstellte Infrastruktur der jeweiligen Einrichtungen genutzt werden, notleidende Wildtiere – beschlagnahmte oder nicht mehr gebrauchte bzw. gewollte Tiere aus Zirkussen, Laboren, Privathaltungen etc. – aufzunehmen. Zoos würden dergestalt zu Tierschutzzentren bzw. *Sanctuaries* umgewandelt.).

Für Tiere, die in keinem der Zoos akzeptabel untergebracht bzw. grundsätzlich nicht ihren Bedürfnissen entsprechend in Zoos gehalten werden können – Menschenaffen, Eisbären, Delfine, Elefanten etc. –, bedarf es der Schaffung geschützter Refugien *(Sanctuaries)* in klimatisch dafür geeigneten Regionen. Zur Finanzierung derartiger *Sanctuaries* müssten in erster

Linie die Zoos selbst herangezogen werden, die jahre- und jahrzehntelang Geschäft mit den Tieren gemacht haben. All die Gelder, auch und vor allem aus öffentlichen Kassen, die in immer neue „Erlebniswelten" und „Disneylandattraktionen" gesteckt werden, müssten in den Aufbau und den Unterhalt entsprechender Schutzeinrichtungen umgeleitet werden.

Zoos sind Auslaufmodelle, die heute keine Existenzberechtigung mehr haben (sofern sie solche je hatten). Sie gehören ersatzlos abgeschafft. Dass das möglich ist, hat das südamerikanische Costa Rica gezeigt: 2014 verfügte das zuständige Umweltministerium, dass sämtliche Zoos des Landes, darunter der traditionsreiche *Simon-Bolivar-Zoo* von San Jose, geschlossen bzw. in botanische Gärten ohne Tierhaltung umgewandelt werden müssen; die in den Zoos gehaltenen Tiere sollen nach Möglichkeit ausgewildert, die nicht auswilderbaren in geschützten Reservaten untergebracht werden.

Wenig später kündigte die Stadtverwaltung von Buenos Aires an, den seit über 100 Jahren bestehenden kommunalen Zoo sukzessive auflösen zu wollen. Die vorgehaltenen rund 2500 Tiere sollen nach dem Modell Costa Ricas ausgewildert bzw. in entsprechend einzurichtende Reservate umgesiedelt werden. Die nicht auswilder- oder umsetzbaren Tiere sollen unter verbesserten Bedingungen auf dem Zoogelände verbleiben dürfen, würden aber nicht mehr zur Schau gestellt. Übergangsweise könne die bestehende Infrastruktur des Zoos genutzt werden, um bedrohten heimischen Tierarten als Refugium und zur Vorbereitung auf (Wieder-)Auswilderung zu dienen. Ansonsten soll das knapp 18 Hektar umfassende Areal des Zoos in einen Ökopark umgewandelt werden. Anfang Mai 2017 verlautbarte das Kultusministerium von El Salvador, dass der Nationalzoo des Landes zugunsten eines Wildparks aufgelöst werde: das „traditionelle Zoo-Konzept", so das Ministerium, sei „nicht mehr zeitgemäß".

Ähnliche Entwicklungen gibt es auch in Europa: Anfang 2016 wies das griechische Kultusministerium die Lehrer des Landes an, künftig keine Zoobesuche mit Schulklassen mehr durchzuführen: Es seien solche Besuche mit den Prinzipien einer Pädagogik, die sich um die „Schaffung von Bewusstsein hinsichtlich des Schutzes der natürlichen Umwelt und des Respekts für sie" bemüht, nicht zu vereinbaren. Zeitgleich wurde bekannt, dass der *South Lakes Zoo* in Nordwestengland eklatanter Missstände wegen – hunderte Tiere waren aufgrund von Mangelernährung zu Tode gekommen – seine Betriebsgenehmigung verlor (die er gleichwohl aus formaljuristischen Gründen im Jahr darauf zurückerhielt). Auch der traditionsreiche *Parc Zoologique du Bois d'Attily* bei Paris und der Zoo von Amneville nahe der französisch-deutschen Grenze wurden, vorübergehend zumindest, geschlossen; letzterer musste gar Insolvenz anmelden (konnte sich aber über einen eingestiegenen Privatinvestor retten). Anfang Mai 2017 verabschiedete das französische Parlament ein gesetzliches Verbot der Nachzucht und des Imports von Delfinen und Orcas, was mittelfristig das Ende der drei Delfinarien des Landes bedeutet (und entsprechende Auswirkung auf die noch verbleibenden Delfinarien in den anderen Ländern der EU haben dürfte).

Und selbst hierzulande tut sich etwas: die Zoos von Bad Pyrmont und Delbrück etwa mussten im Jahre 2015 die Haltung Großer Menschenaffen auf Dauer einstellen; die Kritik an den untragbaren Zuständen in diesen Zoos war zu massiv geworden. Die bis zuletzt vorgehaltenen Schimpansen konnten in ein Primatenrefugium nach Südengland verbracht werden. Auch zuvor schon waren Haltungsverbote für bestimmte Tierarten erstritten worden: so wurde etwa dem *Tiergarten Straubing* die Haltung von Eisbären und Leoparden untersagt, die unter indiskutablen Bedingungen untergebracht gewesen waren. Um einem drohenden Haltungsverbot zuvorzukommen, gab der Zoo Münster „freiwillig" seine Schimpansengruppe ab, einige Zeit später tat der Zoo Heidelberg das gleiche mit seinen Orang Utans (wobei ein Tier dem Umzugsstress nicht gewachsen war: es verstarb noch in der Narkose). Auch Schließungen ganzer Zoos waren zu verzeichnen gewesen: So wurde etwa der seit vierzig Jahren bestehende *Tierpark Kalletal* bei Vlotho im Jahre 2008 durch die zuständigen Veterinärbehörden aufgelöst; kurze Zeit später auch der *Tierpark Lübeck*, der immerhin sechzig Jahre Bestand gehabt hatte. 2016 traf es den *Heimattiergarten Fulda*. Von ehedem elf im deutschsprachigen Raum betriebenen Delfinarien existieren heute nur noch die in Duisburg und Nürnberg. Der „politische Wille", gegen die teils über Jahrzehnte bestehenden Katastrophalzustände in den Zoos vorzugehen, kam in jedem Einzelfall erst durch massiven öffentlichen Druck zustande. Gefragt und gefordert ist insofern das Engagement jedes einzelnen Tierfreundes und jeder Tierfreundin: Jeder Leserbrief, der sich gegen die in der Regel völlig unkritische Darstellung von Zoos in den Print- und Onlinemedien wendet, bewirkt etwas; desgleichen jede Zuschauerrückmeldung, die den Programmverantwortlichen der TV-Sender vor Augen führt, dass all die unkritischen Werbesendungen für Zoos nicht (mehr) erwünscht sind. Wo immer möglich, ist das Gespräch mit politischen Entscheidungsträgern zu suchen. Nicht zuletzt gibt es die Möglichkeit, sich aktiv in einer der Tierrechtsorganisationen zu engagieren, die gegen das moralische Unrecht der Gefangenhaltung und Zurschaustellung von Wildtieren in Zoos eintreten (*animalEQUALITY, animal pub-*

Schrieb Rechtsgeschichte: Schimpansin CECILIA. Zoo Mendoza, 2017

lic, ARIWA, EndZOO, Great Ape Project, Menschen für Tierrechte, PeTA, WDSF u.v.a.).

Mittlerweile haben sich in mehreren Ländern durchaus erfolgversprechende Rechtsinitiativen etabliert mit dem Ziel, Menschenaffen bestimmte Grundrechte bzw. Personenstatus zuzusprechen, was ihre weitere Gefangenhaltung in Zoos verunmöglichen würde. Ende 2016 etwa verfügte ein argentinisches Gericht, eine seit Jahrzehnten im Zoo von Mendoza einsitzende Schimpansin namens CECILIA müsse umgehend freigelassen und in ein Refugium im brasilianischen Bundesstaat Sao Paulo überstellt werden. In der Urteilsbegründung hieß es, auch nicht-menschliche Tiere besäßen Rechte: „Wir sprechen dabei nicht über Bürgerrechte, wie sie im Bürgerlichen Gesetzbuch niedergelegt sind, sondern über die der jeweiligen Spezies zukommenden Rechte auf Selbstentfaltung und auf Leben in ihrem natürlichen Lebensumfeld."

Zur viel und kontrovers diskutierten Frage, was den Einsatz gerade für Menschenaffen rechtfertigt, durch deren allfälligen Einbezug in die

Rechtsgemeinschaft der Menschen sich nur die Grenzlinie verschöbe und nun Menschen und Menschenaffen auf der einen von allen anderen Tieren auf der anderen Seite trennte, woraus letztere keinerlei Nutzen bezögen, ist in aller Pragmatik zu sagen: Irgendwo muss man anfangen. Zudem, und das ist das Entscheidende, stellen Menschenaffen den Dreh- und Angelpunkt des Verhältnisses Mensch-Natur dar, sie definieren wie nichts und niemand sonst die sakrosankte Grenzlinie zwischen Mensch und Tier: sind sie festgeschrieben „auf der anderen Seite", sind das alle anderen Tiere mit ihnen.

Ist erst einmal Bewusstsein dafür geschaffen, dass den Menschenaffen bestimmte Grundrechte zustehen, können auch die Interessen anderer Tiere nicht mehr übergangen werden. Der Fall CECILIA kann als revolutionärer erster Schritt gesehen werden hin zu einem radikalen Wandel des gesellschaftlichen Konsenses über das Verhältnis des Menschen zu nichtmenschlichen Tieren.

Until Every Cage Is Empty!

Literatur

Acampora, Ralph (Hrsg.): Metamorphoses of the Zoo: Animal Encounter after Noah. Lanham 2010

Austermühle, Stefan: „...und hinter tausend Stäben keine Welt!“ Die Wahrheit über Tierhaltung im Zoo. Hamburg 1996

Baratay, Eric / Hardouin-Fougier, Elisabeth: Zoo. Von der Menagerie zum Tierpark. Berlin 2000

Benz-Schwarzburg, Judith / Leitsberger, Madelaine: Zoos zwischen Artenschutz und Disneyworld. In: Ullrich, Jessica / Weltzin, Friedrich (Hrsg.): Tierstudien 1/2015, S. 17-30

Born Free Foundation / Endcap (Hrsg.): The EU Zoo Inquiry: An evaluation of the implementation and enforcement of ECDirective 1999/22 relating to the keeping of animals in zoos: Report findings and recommendations. Horsham 2011

Goldner, Colin: Zoos in der Kritik. In: Die Tierbefreier (Hrsg.): Tierbefreiung 3/2013, S. 74-75

Goldner, Colin: Das sogenannte ‘Vier-Säulen-Konzept’: Wie heutige Zoos ihre Existenz rechtfertigen. In: Mayr, Petra (Hrsg.): TIERethik: Zeitschrift zur Mensch-Tier-Beziehung 2/2014, S. 56-70

Goldner, Colin: Eingesperrte Tiere angaffen? Nein Danke. Norderstedt 2015

Goldner, Colin: Lebenslänglich hinter Gittern: Die Wahrheit über Gorilla, Orang Utan & Co in deutschen Zoos. Aschaffenburg 2014

Goldner, Colin: Nazi-Zoos: Die deutschen Tiergärten zwischen 1933 und 1945. In: Ullrich, Jessica / Weltzin, Friedrich (Hrsg.): Tierstudien 1/2015, S. 54-66

Goldner, Colin: Zoo. In: Ferrari, Arianna / Petrus, Klaus (Hrsg.): Lexikon der Mensch-Tier-Beziehungen. Bielefeld, 2015, S. 438-441

Goldner, Colin: „Die geborenen Spaßmacher“: Von der falschen Sicht auf Schimpansen hin zu ihrem Missbrauch in Zirkussen, Zoos und sonstiger Unterhaltungsindustrie. In: Ullrich, Jessica / Steinbrecher, Aline (Hrsg.): Tierstudien 9/2016, S. 109-122

Goschler, Erich / Orso, Francesca: Der Zoowahnsinn von A-Z. Salzburg 2006

Jamieson, Dale: Gegen zoologische Gärten. In: Singer, Peter (Hrsg.): Verteidigt die Tiere: Überlegungen für eine neue Menschlichkeit. Wien, 1986, S. 164-178

Jensen, Derrick: Thought to Exist in the Wild: Awakening from the Nightmare of Zoos. Santa Cruz 2007

Luy, Jörg: Wie wär’s mit einem anständigen Zoo? In: Mayr, Petra (Hrsg.): TIERethik: Zeitschrift zur Mensch-Tier-Beziehung 2/2014, S. 7-12

MacKenna, Virginia / Travers, Bill / Wray, Jonathan (Hrsg.): Gefangen im Zoo: Tiere hinter Gittern. Frankfurt am Main 2000

Malamud, Randy: Reading Zoos: Representations of Animals and Captivity. New York 1998

Malamud, Randy: The Problem with Zoos. Oxford 2015

Panthera Projektgruppe (Hrsg.): Der Zoo: Fotografien von Tieren in Gefangenschaft. Göttingen 1994

Rothfels, Nigel: Savages and Beasts: The Birth of the Modern Zoo. Baltimore 2008

Sanna, Emilio: Verrückt hinter Gittern: Von den Leiden der Zootiere. Reinbek 1992

Schalk, Eva-Maria: Lebenslänglich: Eingesperrt und zur Schau gestellt. Salzburg 2001

Schmidauer, Elisabeth: Als die Tiere den Zoo verließen. Esslingen 1998

Schneider, Eberhard / Oelke, Hans et.al.: Die Illusion der Arche Noah: Gefahren für die Arterhaltung durch Gefangenschaftszucht. Wiesbaden 1989

Steinkrüger, Jan Erik: Kultur im Zoo: Von Menschenzoos und Völkerschauen. in: Ullrich, Jessica / Weltzin, Friedrich (Hrsg.): Tierstudien 1/2015, S. 45-53

Tidière, Morgan / Gaillard, Jean-Michel et al.: Comparative analyses of longevity and senescence reveal variable survival benefits of living in zoos across mammals. In: Scientific Reports 6, Article 36361, 11/2016

Wild, Marcus: Zoos: Besuchen oder nicht besuchen? Zur Beilegung moralischer Meinungsverschiedenheiten. In: Mayr, Petra (Hrsg.) TIERethik: Zeitschrift zur Mensch-Tier-Beziehung. 2/2014, S. 71-87

World Society for the Protection of Animals/Born Free Foundation: The Zoo-Inquiry. Horsham 1994

Online

5 things we need to stop telling ourselves about animals in zoos. http://www.animalsaustralia.org/features/things-we-need-to-stop-telling-ourselves-about-zoos.php

11 Dinge, die Sie wissen sollten, bevor Sie das nächste Mal in den Zoo gehen. www.huffingtonpost.de/2015/02/07/zoo-traurigefakten_n_6635752.html

15 Beispiele, dass auch deutsche Zoos Tiere misshandeln oder töten. www.veganblog.de/2014/02/18/15-beispiele-dass-auchdeutsche-zoos-tieren-weh-tun/#.VRQrguGLK9j

Der Zoo – ein Blick hinter die Kulissen. www.tier-im-fokus.ch/nutztierhaltung/zoo_blick_hinter_kulissen/

Die 10 größten Irrtümer über Zoos. www.peta.de/zooirrtuemer#.VQhxjuGLK9i

Haltungsbedingungen in Zoos. http://hpd.de/artikel/11076

Inakzeptable Verhältnisse. www.geo.de/GEO/natur/tierwelt/tierrechte-inakzeptable-verhaeltnisse-77903.html

Kritik an Zoos: www.planet-wissen.de/natur_technik/tier_und_mensch/arche_zoo/kritik_an_zoos.jsp

Leben Tiere im Zoo länger? https://hpd.de/artikel/leben-tiere-im-zoo-laenger-13752

Please Don't Visit Zoos! Zoos reify the human drive to dominate the Other. www.psychologytoday.com/blog/humannature/200910/please-dont-visit-zoos

Sind Zoos noch zeitgemäß? http://future.arte.tv/de/sind-zoosnoch-zeitgemaess (Video)

The Case for Closing Zoos. www.outsideonline.com/outdooradventure/nature/Why-We-Need-to-Get-Rid-of-Zoos.html

The 'Cute' Zoo Animal Behaviors That Are Actually Signs Of Zoochosis. www.thedodo.com/the-cute-zoo-animalbehaviors--601643824.html?xrs=Dodo_FB

The EU Zoo Inquiry. www.bornfree.org.uk/zooreports/Summary

Verloren hinter Gittern. www.greenpeace-magazin.de/verlorenhinter-gittern-0

Von der Inakzeptabilität der Institution Zoo. www.schattenblick.de/infopool/d-brille/report/dbrb0062.html

Was jeder über Zoos wissen sollte. www.petazwei.de/zoo

Was Sie schon immer (nicht) wissen wollten: Zoo-Dokumentationen. www.endzoo.at/wp/bibliothek/endzooreports/

What Zoos Tell Us About Ourselves. www.earthintransition.org/2017/01/what-zoos-tell-us-about-ourselves/

Zoo. http://greatapeproject.de/zoo/

Zoo. www.tvg-saar-vegan.de/themen/zoo/

Zoologische Gärten schaden der Artenvielfalt. www.welt.de/wissenschaft/article1551953/Zoologische-Gaerten-schaden-der-Artenvielfalt.html

Zoo-Kritik. www.prowildlife.de/Zoo_Kritik_Tierhaltung

Zoos drive animals crazy. www.nzherald.co.nz/lifestyle/news/article.cfm?c_id=6&objectid=11279349

Zoos: Ein Leben ohne Freiheit. www.animalequality.de/unterhaltung/zoos

Zoos: Gefängnisse für Tiere. www.peta.de/zoo-hintergrund

Zootiere: Unschuldig hinter Gittern. www.animal-public.de/zootiere-unschuldig-hinter-gittern/

Bildnachweis

Seite 26, 29, 39, 40, 43, 47, 49, 56, 69: animal public e.V.; Seite 22, 58, 60, 85, 91, 93, 104, 108, 110, 112, 114, 118, 123, 124, 137, 152, 154, 157, 159, 162, 165, 169: Great Ape Project; Seite 81: Zoo-Verein Münster (Hrsg.) Von Landois zum Allwetterzoo: 125 Jahre Zoo in Münster. Münster, 2000, S. 26; Seite 83: Sammlung P. Weiss; Seite 87: Haikal, Mustafa / Gernsch, Winfried: Der Gesang des Orang Utans: Die Geschichte des Dresdner Zoos. Dresden, 2011, S. 78; Seite 89: Klöckler, Jürgen: Brauner Willy im roten Nürnberg, in: FAZ vom 8.12.2013; Seite 121: D. Bockholdt, domradio Köln vom 29.6.2016 [bearbeitet]; Seite 169: Proyecto Gran Simio Brazil, 2016

Die Urheberschaft der älteren Bilder konnte nicht in allen Fällen geklärt werden. Sollte jemand Urheberrechte an einer der Abbildungen besitzen, möge er (oder sie) sich mit dem entsprechenden Nachweis an den Verlag wenden.

Autor und Autorin

Colin Goldner ist klinischer Psychologe und Wissenschaftsjournalist. Er ist Mitbegründer der Tierrechtsorganisation *rage&reason* und Autor zahlreicher tierrechtlicher Publikationen. Seit 2011 koordiniert er das *Great Ape Project*, das Grundrechte für die Großen Menschenaffen einfordert. 2014 legte er eine umfassende Studie zur Haltung Großer Menschenaffen in deutschen Zoos vor, die als erstes Tierrechtsbuch überhaupt für die Wahl zum „Wissensbuch des Jahres" nominiert wurde und letztlich in der Kategorie „Zündstoff" den 2. Platz belegte. Er ist Mitglied der *Gesellschaft für Primatologie* und des *Primate Education Network*.

Laura Zodrow ist studierte Sozialwissenschaftlerin. Sie ist Mitbegründerin der gemeinnützigen Tier- und Artenschutzorganisation *animal public e.V.* und des europäischen Tierschutznetzwerks ENDCAP, die sich für den Schutz und die Rechte von Wildtieren einsetzen. Als Expertin für die Haltung von Wildtieren in Gefangenschaft wurde sie vom Bundeslandwirtschaftsministerium in die Arbeitsgruppe zur Überarbeitung des Säugetiergutachtens berufen und ist seit 2015 Mitglied des nordrhein-westfälischen Tierschutzbeirats, der die Landesregierung bei Fragen und politischen Entscheidungen zum Tierschutz berät.